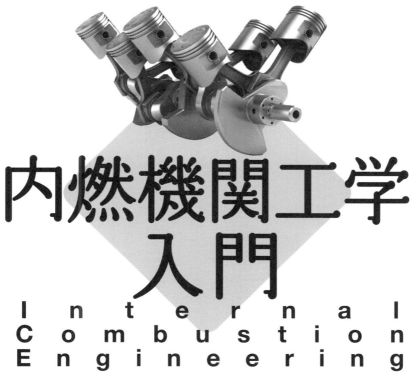

内燃機関工学入門

Internal Combustion Engineering

齋 輝夫 [著]
Teruo Sai

Ohmsha

本書を発行するにあたって，内容に誤りのないようできる限りの注意を払いましたが，本書の内容を適用した結果生じたこと，また，適用できなかった結果について，著者，出版社とも一切の責任を負いませんのでご了承ください．

本書に掲載されている会社名・製品名は一般に各社の登録商標または商標です．

　本書は，「著作権法」によって，著作権等の権利が保護されている著作物です．本書の複製権・翻訳権・上映権・譲渡権・公衆送信権（送信可能化権を含む）は著作権者が保有しています．本書の全部または一部につき，無断で転載，複写複製，電子的装置への入力等をされると，著作権等の権利侵害となる場合があります．また，代行業者等の第三者によるスキャンやデジタル化は，たとえ個人や家庭内での利用であっても著作権法上認められておりませんので，ご注意ください．

　本書の無断複写は，著作権法上の制限事項を除き，禁じられています．本書の複写複製を希望される場合は，そのつど事前に下記へ連絡して許諾を得てください．

出版者著作権管理機構
（電話 03-5244-5088，FAX 03-5244-5089，e-mail：info@jcopy.or.jp）

JCOPY ＜出版者著作権管理機構 委託出版物＞

はしがき

　人類の文明は"火の発見"と利用から始まり，蒸気機関（外燃機関）によって産業革命に至り，次いで内燃機関の発明により，社会や産業が飛躍的発展を遂げました．

　内燃機関は，自動車・鉄道・船舶・航空機など，陸上・海上・航空の交通・輸送機関の原動機として，さらには建設・農業機械や発電用の動力源として多方面で活躍しており，内燃機関の利用なくして現代の社会生活を考えることはできません．

　もともと筆者自身が原動機を学び，そして今日，本書執筆のきっかけをいただいたのは，小栗幸正先生が著された初学者向けの内燃機関の本との出会いでした．そこには内燃機関の構造・機能が挿図を上手に使って丁寧に記述されており，とくに感銘を受けたのは，技術がいかに進歩しても，もっとも重要なことは"メカニカルな技術を熟知する"ということでした．

　本書では，まず内燃機関のメカニズムをよく理解することに心掛け，内燃機関のエンジン各種について，基本となる作動原理や構造および機能を説明しました．さらに，新しい電子制御システムや装置もとりあげ，これらをできる限りの挿図を掲げて丁寧に解説しました．また，内燃機関の基礎理論となる熱工学についても，必要な範囲で基礎知識を解説しました．

　内燃機関には往復動機関やピストン機関などのほか，タービンエンジンやジェットエンジンなどがありますが，本書では，前者におけるガソリンエンジンおよびディーゼルエンジンに紙数を割いて解説しました．また，これまでガソリンエンジンやディーゼルエンジンなどを搭載してきた自動車の石油系燃料に対する懸念や環境問題などにより開発されている燃料電池自動車や電気自動車，ハイブリッド車などに関しても，現状の技術を解説しました．

　なお，本書執筆に当たり，多くの先輩方の研究文献等を参考にさせていただき，また，多くのメーカー各社・団体様から資料等のご提供を賜りました。

　　　トヨタ自動車(株)，日産自動車(株)，マツダ(株)，本田技研工業(株)，

　　　三菱自動車工業(株)，三菱ふそうトラック・バス(株)，ボッシュ(株)，

　　　(株)デンソー，日本ピストンリング(株)，三菱重工業(株)，日本特殊陶業(株)，

（株）IHI，ヤンマー（株），国立研究開発法人 宇宙航空研究開発機構，

公益社団法人 自動車技術会，一般社団法人 日本自動車整備振興会連合会

ここに記して深く感謝の意を表します．

　本書によって内燃機関の基礎知識を十分に修得され，これを足がかりとしてより高度の専門知識の学習につなげたり，また，現状では興味のほとんどが注がれている自動車エンジンだけでなく，ガスタービンやジェットエンジンなどを含めて広く内燃機関を学ぶことによって，将来にわたる技術開発のみならず新しい内燃機関の創出などに，本書が少しでも役立てられるならば幸いに存じます．

　2019 年 4 月

著　者

目次

1章 内燃機関とは

1・1 動力の発生 …………………… 001
1・2 原動機 …………………………… 001
1・3 熱機関 …………………………… 002
1・4 内燃機関 ………………………… 002
1・5 内燃機関の歴史 ……………… 004
1・6 原動機の未来 ………………… 005
練習問題 *005*

2章 往復動内燃機関の概要

2・1 往復動内燃機関とは ……… 007
2・2 内燃機関の分類 ……………… 007
  1. 作動方式による分類 *007*
  2. 燃料供給方式による分類 *007*
  3. シリンダの数による分類 *008*
  4. シリンダの配列による分類 *008*
  5. 用途による分類 *009*
2・3 往復動内燃機関の作動原理 ……………………… 009
  1. サイクル *009*
  2. 行程容積 *009*
  3. 圧縮比 *010*
  4. 往復動内燃機関の pV 線図 *011*
  5. バルブタイミングダイヤグラム *012*
2・4 往復動内燃機関の標準サイクル ………………………… 012
  1. オットーサイクル *013*
  2. ディーゼルサイクル *013*
  3. サバテサイクル *014*
  4. クラークサイクル *014*
  5. アトキンソンサイクル *015*
  6. ミラーサイクル *015*
2・5 内燃機関の点火システム … 015
  1. 圧縮比と圧縮温度 *015*
  2. 圧縮温度と自己着火の関係 *016*
2・6 ガソリンエンジンの作動 … 016

1. 4サイクルガソリンエンジン *016*
（1） 吸入行程 *017*
（2） 圧縮行程 *017*
（3） 燃焼行程 *017*
（4） 排気行程 *017*
2. 2サイクルガソリンエンジン *018*
（1） 上昇行程 *018*
（2） 下降行程 *018*
3. 4サイクルエンジンと2サイクルエンジンの比較 *019*
2·7 ディーゼルエンジンの作動 **019**
1. 4サイクルディーゼルエンジンの作動 *019*

（1） 吸入行程 *019*
（2） 圧縮行程 *019*
（3） 燃焼行程 *019*
（4） 排気行程 *020*
2. 2サイクルディーゼルエンジンの作動 *020*
（1） 掃気行程 *020*
（2） 圧縮行程 *020*
（3） 燃焼行程 *020*
（4） 排気行程 *020*
2·8 ガソリンエンジンとディーゼルエンジンの比較 ……… **021**
練習問題 *021*

3章 | 熱と熱力学

3·1 温度，熱量，比熱 ……… **023**
1. 温度 *023*
2. 熱量 *023*
3. 比熱 *024*
4. 定容比熱と定圧比熱 *024*
3·2 気体の状態変化 …………… **025**
1. ボイルの法則 *025*
2. シャルルの法則 *026*
3. 気体の状態式 *026*
4. 完全ガス *027*
3·3 熱エネルギーと仕事 ……… **027**
1. 熱力学第一法則 *027*
2. 内部エネルギー *027*
3. 熱力学第二法則 *028*
3·4 熱力学サイクル …………… **028**
3·5 理想気体の状態変化 ……… **029**

1. 定容変化 *029*
2. 定圧変化 *029*
3. 等温変化 *030*
4. 断熱変化 *030*
5. エンタルピー *031*
6. エントロピー *031*
7. ポリトロープ変化 *031*
3·6 カルノーサイクル …………… **032**
練習問題 *034*

4章 内燃機関の性能

4·1 エネルギーと仕事 ………… 035
1. 資源エネルギー **035**
2. エネルギー保存の法則 **035**
3. 質量 **036**
4. 位置エネルギー **036**
5. 運動エネルギー **036**
6. 仕事 **037**
7. モーメント **037**
8. トルク **038**

4·2 エンジンの性能 …………… 038
1. エンジンの性能曲線図 **038**
2. エンジンの pV 線図 **039**
3. 平均有効圧力 **039**
4. 図示出力 **040**
5. 軸出力 **040**
6. 正味平均有効圧力 **040**

7. 軸トルク **040**
8. 正味熱効率 **041**
9. 燃料消費率 **041**

4·3 機械効率 ………………… 041
1. 機械損失 **041**
2. 機械効率 **042**
3. 動力計 **042**
（1） 摩擦動力計 **042**
（2） 水動力計 **043**
（3） 電気動力計 **043**
4. 熱勘定と熱効率 **043**
5. 燃費換算 **043**
（1） 定地走行燃費 **043**
（2） 10 モード燃費 **044**
（3） 10・15 モード燃費 **044**
（4） JC08 モード燃費 **045**

練習問題 **045**

5章 燃料と燃焼

5·1 燃料………………………… 047
1. 液体燃料 **048**
（1） ガソリンエンジン用燃料 **048**
（2） 石油エンジン用燃料 **048**
（3） ディーゼルエンジン用燃料 **048**
（4） ガスタービンエンジン用燃料 **050**
（5） ジェットエンジン用燃料 **050**

2. 気体燃料 **050**

5·2 燃焼と発熱量……………… 050
1. 燃焼 **050**
2. 発熱量 **051**

5·3 燃焼に必要な空気量と燃焼限界………………………… 051
1. 混合比 **051**
2. 理論空燃比 **051**
3. 燃焼に必要な空気量 **051**
4. 充てん効率 **052**

viii　目次

5. 空気過剰率 *052*

6. リッチバーンとリーンバーン　*052*

7. 燃焼のしかた　*053*

（1）　火炎伝播燃焼　*053*

（2）　拡散燃焼　*053*

（3）　予混合圧縮自己着火燃焼
　　　053

5・4 着火性，引火性と揮発性 … *053*

1. 着火性　*053*

2. 引火性　*053*

練習問題　*058*

3. 揮発性　*054*

5・5 ガソリンエンジンのノッキ
ングとオクタン価 ………… *054*

1. 異常燃焼とノッキング　*054*

2. オクタン価　*055*

3. アンチノック剤　*056*

5・6 ディーゼルエンジンのノッ
キングとセタン価 ………… *056*

1. ディーゼルノック　*056*

2. セタン価　*056*

6章　ガソリンエンジン

6・1 ガソリンエンジンの概要 … *059*

1. ガソリンエンジンの構成　*059*

（1）　エンジン本体　*059*

（2）　補助装置　*059*

2. ガソリンエンジンの燃焼過程
　　061

6・2 エンジン本体 ……………… *061*

1. シリンダブロック　*061*

2. シリンダヘッド　*062*

3. 燃焼室　*062*

（1）　ウェッジタイプ　*062*

（2）　ペントルーフタイプ　*062*

（3）　バスタブタイプ　*063*

（4）　ヘミスフェリカルタイプ　*063*

（5）　多球形　*063*

4. ピストン　*063*

（1）　ピストンの構造　*063*

（2）　ピストンの形状　*064*

5. ピストンリング　*065*

（1）　ピストンリングの機能　*065*

（2）　ピストンリングの種類　*065*

（3）　ピストンリングの合い口形状
　　　066

（4）　ピストンリングに起こる異常現
象　*066*

6. コネクチングロッド　*067*

（1）　コンロッドの構造　*067*

（2）　コンロッドベアリング　*068*

（3）　ベアリングの材料　*068*

7. ピストンピン　*068*

（1）　ピストンピンの機能　*068*

（2）　ピストンピンの連結方法　*068*

8. クランク軸　*069*

（1）　クランク軸の構造　*069*

（2）　クランクジャーナルベアリング
　　　069

9. フライホイール　*070*

10. クランクピンの配置と点火順序
　　070

（1） 2 シリンダエンジン　*071*

（2） 4 シリンダエンジン　*071*

（3） 6 シリンダエンジン　*072*

（4） 直列 8 シリンダエンジン　*072*

（5） 奇数シリンダエンジン，水平対
　　　向型エンジン　*073*

（6） V 型 6 シリンダエンジン　*073*

（7） V 型 8 シリンダエンジン　*073*

11.　バルブメカニズム　*073*

（1） バルブ開閉機構　*073*

（2） タイミングギヤとタイミング
　　　チェーン　*074*

（3） カム軸　*075*

（4） カム　*075*

（5） バルブ　*076*

（6） バルブスプリング　*076*

（7） プッシュロッド　*076*

（8） ロッカアーム　*077*

（9） タペット　*077*

（10） 可変バルブタイミング機構
　　　077

6・3　吸気システム …………… *079*

1.　エアクリーナ　*080*

2.　吸気マニホールド　*080*

6・4　燃料供給システム ………… *080*

1.　燃料の供給方式　*081*

2.　燃料フィルタ　*081*

3.　燃料ポンプ　*081*

4.　キャブレター　*082*

（1） キャブレターの種類　*082*

（2） キャブレターの構成　*083*

（3） キャブレターの作動　*083*

（4） アマル型キャブレターの作動
　　　084

6・5　潤滑システム ……………… 085

1.　潤滑の目的　*085*

2.　潤滑システム　*085*

（1） エンジンの潤滑　*085*

（2） 潤滑方法　*085*

3.　圧送式潤滑装置　*086*

（1） オイルポンプ　*086*

（2） オイルフィルタ　*086*

（3） オイルクーラ　*086*

（4） その他　*086*

4.　潤滑油　*086*

（1） オイルの作用　*086*

（2） オイルの性質　*087*

（3） 基本性状　*087*

5.　オイルの性能規格　*087*

（1） エンジンオイルの SAE 粘度
　　　分類　*087*

（2） エンジンオイルの API サービ
　　　ス分類　*089*

（3） JASO 規格　*089*

6・6　冷却システム ……………… 089

1.　エンジンの冷却　*089*

2.　水冷式冷却装置　*089*

（1） ウォータポンプ　*090*

（2） ラジエータ　*090*

（3） 電動ファン　*092*

（4） 冷却水と不凍液　*092*

3.　空冷式冷却装置　*092*

6・7　排気システム ……………… 093

1.　排気マニホールドと排気パイプ
　　　093

2.　マフラ　*093*

3.　排気ガスの利用　*094*

6・8　点火システム ……………… 094

1. バッテリ点火　*095*

2. 高圧マグネトー点火　*095*

3. イグニッションコイル　*096*

4. ディストリビュータ　*096*

5. コンタクトブレーカ　*097*

6. 点火プラグ　*097*

7. 点火時期とその調節装置　*098*

6·9 電子制御システム …………*098*

1. 電子制御システムの系統　*099*

2. 各装置の作動　*100*

（1）センサ　*100*

（2）ECU　*101*

（3）アクチュエータ　*101*

3. 電子制御式燃料噴射システム　*101*

（1）ポート内燃料噴射システム　*101*

（2）シリンダ内燃料噴射システム　*101*

4. 電子制御式点火システム　*103*

（1）トランジスタ式点火システム　*103*

（2）セミトランジスタ式点火システム　*103*

（3）フルトランジスタ式点火システム　*103*

5. マイクロコンピュータ式点火装置　*104*

（1）ディストリビュータ方式　*104*

（2）直接点火方式　*104*

6·10 発電・充電システム ………*104*

1. ダイナモ　*105*

2. オルタネータ　*105*

（1）構造　*105*

（2）発電の原理　*105*

（3）整流　*106*

（4）ボルテージレギュレータ　*106*

6·11 バッテリ ………………………*108*

1. バッテリの種類　*108*

2. バッテリの構造　*108*

3. バッテリの化学作用　*109*

4. バッテリの容量　*109*

5. 電気配線　*110*

6·12 エンジン始動システム ……*110*

1. スタータ　*110*

2. スタータの構造　*110*

（1）電磁ピニオンシフト式　*111*

（2）リダクション式　*111*

3. スタータの定格出力特性　*112*

練習問題　*112*

7章　ディーゼルエンジン

7·1 ディーゼルエンジンの概要…………………………… *115*

1. ディーゼルエンジンの構成　*115*

（1）エンジン本体　*115*

（2）補助装置・補機　*115*

7·2 ディーゼルエンジンの燃焼………………………… *116*

1. 4サイクルディーゼルエンジンの燃焼室　*116*

（1） 直接噴射式 *116*

（2） 予燃焼室式 *117*

（3） 渦流室式 *117*

2. ディーゼルエンジンの燃焼過程 *117*

3. 2サイクルディーゼルエンジンの燃焼室 *118*

（1） 単流掃気式燃焼室 *119*

（2） 複流掃気式燃焼室 *119*

7・3 燃料供給システム………… **119**

1. 燃料供給ポンプ *119*

2. 燃料噴射システムの方式 *120*

3. 燃料噴射ポンプ式システム *120*

（1） 列型燃料噴射ポンプ *122*

（2） プリストローク列型燃料噴射ポンプ *124*

（3） 分配型燃料噴射ポンプ *126*

4. 燃料噴射ノズル *128*

（1） 燃料噴射ノズルの構造 *128*

（2） 噴射ノズルの種類 *128*

7・4 電子制御式燃料噴射ポンプ…………………………… **129**

1. 種類と構成 *129*

2. 制御システム *130*

練習問題 *142*

3. センサの作動 *130*

4. ECUの機能 *131*

5. アクチュエータの作動 *132*

7・5 ユニットインジェクタ式燃料噴射ポンプ……………… **133**

7・6 コモンレール式燃料噴射システム ………………… **133**

1. 構成と作動 *133*

2. インジェクタ *134*

3. サプライポンプ *134*

7・7 ガバナ ………………………… **135**

1. メカニカルガバナ *135*

2. 電子制御式ガバナ *136*

7・8 タイマ ………………………… **136**

1. オートマチックタイマ *138*

2. 電子制御式タイマ *138*

7・9 エンジン始動装置 ……… **139**

1. スタータ *139*

2. 予熱システム *139*

3. インテークエアヒータ *140*

7・10 スーパチャージャ ……… **140**

1. 排気タービンターボチャージャ *141*

2. 電気駆動式過給機 *141*

8章 | ロータリエンジン

8・1 ロータリエンジンとは …… **143**

8・2 ロータリエンジンの原理 … **143**

1. エピトロコイド曲線 *144*

（1） トロコイド *144*

（2） エピトロコイド *144*

2. 内包絡線 *144*

8・3 ロータリエンジンの構造 … **145**

1. ロータハウジング *145*

2. ロータ *146*

3. エキセントリックシャフト（偏心軸） *146*

xii 目次

4. サイドハウジング *146*

8・4 ロータリエンジンの作動 … *146*

8・5 回転動力の発生…………… *147*

8・6 ロータとエキセントリック

練習問題 *149*

シャフトの回転比 ………… *148*

8・7 ロータリエンジンの燃料
装置 ………………………… *149*

9章 特殊応用内燃機関とハイブリッドシステム

9・1 船舶用エンジン…………… *151*

1. 焼玉エンジン *151*

2. 大型ディーゼルエンジン *152*

9・2 農業用エンジン …………… *152*

9・3 自動車用ガスエンジン …… *153*

1. 液化石油ガスエンジン *153*

（1） 燃料供給装置の構成 *153*

（2） ベーパライザ *153*

（3） ミキサ *153*

練習問題 *157*

（4） 用途 *154*

2. 圧縮天然ガスエンジン *154*

3. 天然ガスエンジン *154*

9・4 特殊応用内燃機関………… *154*

9・5 ハイブリッドシステム ……… *155*

1. 燃料電池 *155*

2. ハイブリッドシステム *155*

（1） 内燃機関と他の原動機との組
合わせ *156*

（2） 電気自動車のインフラ *157*

10章 ガスタービンエンジン

10・1 ガスタービンエンジンの
原理 …………………… *159*

10・2 ガスタービンエンジンの
構成…………………………… *160*

1. 空気圧縮機 *160*

2. 燃焼機 *160*

3. タービン *161*

4. 熱交換器 *161*

10・3 開放サイクルガスタービン… *162*

1. 空気圧縮機とタービンの関係に
よる分類 *162*

（1） 1軸式ガスタービン *162*

（2） 2軸式ガスタービン *163*

（3） 3軸式ガスタービン *163*

2. 熱効率向上システム *163*

（1） 再生サイクルガスタービン
163

（2） 再熱−再生サイクルガスタービ
ン *164*

（3） 中間冷却−再熱−再生サイクル
ガスタービン *164*

10・4 密閉サイクルガスタービン… *164*

10・5 ガスタービンエンジンの

性能……………………… 165

1. サイクル **165**

2. 出力 **165**

3. 熱効率 **166**

10·6 ガスタービンエンジンの

練習問題 **168**

特徴 ……………………… 166

10·7 ガスタービンエンジンの用

途……………………… 167

10·8 ガスタービンエンジンの

将来……………………… 168

11章 ジェットエンジンとロケットエンジン

11·1 噴射推進エンジン………… 169

1. ジェットエンジン **169**

2. ロケットエンジン **169**

11·2 ジェットエンジン………… 170

1. ジェットエンジンの種類 **170**

2. ターボジェットエンジン **170**

（1） 構造 **170**

（2） 長所 **171**

3. ターボファンエンジン **171**

4. ターボプロップエンジン **171**

5. パルスジェットエンジン **172**

6. ラムジェットエンジン **172**

7. スクラムジェットエンジン **173**

8. ジェットエンジンの性能 **174**

（1） 推力 **174**

（2） 軸相当馬力 **174**

（3） 燃料消費率 **174**

11·3 ロケットエンジン ………… 175

1. 化学ロケット **175**

2. 固体燃料ロケットエンジン **175**

3. 液体燃料ロケットエンジン **175**

（1） ガス押し式 **176**

（2） ターボポンプ式 **176**

4. 最近の日本のロケットエンジンの

技術 **176**

（1） LE−7A 型ロケットエンジン

176

（2） 主な装置 **177**

5. ハイブリッドロケット推進システ

ム **177**

11·4 噴射推進エンジンの歴史

と未来……………………… 178

練習問題 **179**

12章 環境対策と代替燃料

12·1 内燃機関に起因する環境

問題………………………… 179

1. 有害な排出ガス **179**

2. 点火時期とシリンダ内圧力の影

響 **180**

3. 排出ガスの発生傾向 **180**

xiv 目 次

12・2 排気ガス対策……………… 181
  1. ガソリンエンジンとディーゼルエ
    ンジンの排出ガス対策 *181*
  2. 有害な排出ガスを浄化する方法
    181
  （1） 機械的な改良方法 *182*
  （2） 電子制御による浄化方法
    182
  3. 有害な排気ガスを浄化させる装
    置 *182*
  4. 三元触媒コンバータによる有害ガ
練習問題 *186*

スの浄化の例 *183*
  5. 空燃比フィードバック制御の例
    184
12・3 代替燃料の研究・開発…… 184
  1. 低硫黄軽油 *185*
  2. 圧縮天然ガス *185*
  3. バイオエタノール燃料 *185*
  4. バイオディーゼル燃料 *185*
  5. 水素ガス燃料 *186*
  6. ジルメチルエーテル *186*

付録

付録 1 SI 単位の基礎知識 ……… 187
付録 2 自動車整備士等資格取得

について ……………………… 190
索引 ……………………………… 195

1

内燃機関とは

1・1 動力の発生

現代社会において、人や物資の移動や流通の手段として、陸上では自動車や電車、海上では船舶、空中において航空機などの交通機関が利用されている。また、産業分野では、建設機械、農業機械、火力発電所のタービン、大きなビルや病院などの非常用発電設備など、さまざまな機械が、われわれの生活を支えている。

これら自動車や船舶、航空機、産業機械設備を動かすためには、動力源が必要となる。このような動力を発生させる機械を**原動機**(prime mover)という。動力を発生させるには、その基となる**エネルギー**(energy)が必要となる。

図1・1　自動車は内燃機関で動く

1・2 原動機

原動機は、エネルギーの利用方法によって、表1・1のように分類できる。

表1・1　原動機の種類

原動機	熱機関	化石系燃料などを燃焼させ、そのエネルギーを利用して動力を発生させる機械
	水力原動機	高いところから落ちる水の位置のエネルギーや河川の流れを利用して水車を回し、動力を発生させる機械
	風力原動機	風のもつエネルギーによって風車を回し、動力を発生させる機械
	原子力原動機	ウランなど放射性原子の核分裂エネルギーを利用して動力機械を動かし、動力を発生させる機械

1·3 熱機関

　石油，天然ガスなど化石系および植物系燃料を燃焼させ，このときに発生するエネルギーを利用して動力を発生させる原動機を**熱機関**（heat engine）といい，エネルギーを動力に変換する方法によって，一般に，内燃機関と外燃機関に大別される（表1·2）.

　① 内燃機関　内燃機関（internal combustion engine）は，石油，液化石油ガス，アルコール，水素などの燃料と空気を混合させた可燃性ガスを機関本体内で燃焼させ，燃焼したガスの膨脹する力を利用する原動機である.

　内燃機関は，とくに自動車，船舶，航空機などの交通機関，建設・土木・農業など各種産業の原動機として広く用いられている.

表1·2　熱機関の分類

熱機関	内燃機関	ガソリンエンジン（gasoline engine）
		ディーゼルエンジン（Diesel engine）
		ロータリエンジン（rotary engine）
		ガスタービンエンジン（gas turbine engine）
		ジェットエンジン（jet engine）
		ロケットエンジン（rocket engine）
		特殊応用内燃機関 　焼玉エンジン（hot bulb engine） 　石油エンジン（oil engine） 　ガスエンジン（gas engine）
	外燃機関	蒸気機関（steam engine）
		蒸気タービン（steam turbine）

　② 外燃機関　外燃機関（external combustion engine）は，機関本体の外で燃料を燃焼させ，その熱で発生させた蒸気の力で動力を得る原動機である.現在使われている外燃機関には，蒸気機関と蒸気タービンがある.蒸気機関の代表的なものとして蒸気機関車（steam locomotive：SL）がある.

　蒸気タービンは，火力発電所で発電機に回転力を発生させる機械として使われている.また，原子力発電所では，ウランなどの核分裂によって発生した熱エネルギーで水から蒸気を発生させ，その蒸気圧力でタービンを回し，発電機を回転させて発電している.

1·4 内燃機関

　内燃機関は，シリンダ内部の可燃性混合ガスに，電気点火あるいは圧縮着火させ，爆発的な燃焼を起こし，そのエネルギーを動力として利用するものである.

作動の原理から内燃機関を大別すると，次のような種類に分けることができる．

① **往復動内燃機関**　シリンダの中で可燃ガスを燃焼・膨脹させ，ピストンの往復動を回転動力として取り出す機関をいう．代表的な機関として，**ガソリンエンジン**（**6**章）と**ディーゼルエンジン**（**7**章）がある．

② **ロータリエンジン**　ロータハウジングの中で可燃ガスに燃焼を起こさせ，ロータの回転を動力として取り出す機関をいう（**8**章）．

③ **ガスタービンエンジン**　タービン内で可燃ガスを燃焼させ，その燃焼ガスの圧力でタービン羽根を回して，動力を取り出す機関をいう（**10**章）．

④ **噴射推進機関**　ジェットエンジン，ロケットエンジンなど，燃焼室で燃料を燃焼させ，その燃焼ガスを後方に噴出させ，その反動で前進する動力を得る機関をいう（**11**章）．

また，輸送機械の内燃機関を例にとると，今後は以下の研究・開発・配慮が必要であろう．

① **人間を重要視した性能**　運転しやすい安全な性能，低振動，低騒音
② **経済性**　低燃費，高性能，小型・軽量
③ **信頼性**　安全性，耐久性
④ **人間社会への適合**　ゼロエミッション（有害物の排出ゼロ）

1・5 　内燃機関の歴史

実用的な内燃機関の歴史は，1765年にワット（James Watt：英）が発明した蒸気機関の時代から始まる．1860年にはルノアール（J. Etienne Lenoir：仏）が，往復動内燃機関のルノアールエンジン（Lenoir engine）を発明し，内燃機関の夜明けとなる．

1876年，ニクラス・オットー（N. A. Otto：独）とランゲン（C. E. Langen：独）は，天然ガスを燃料とするガス機関を発明し，初めて実用化に成功した．これが現在用いられているオットーエンジンの始まりである．

ダイムラー（G. W. Daimler：独）とベンツ（K. F. Benz：独）は，ガスの代わりにガソリンを燃料としたガソリンエンジンを製作し，1885年に，これを自動車に取り付けて走行させた．

また，ガソリンの代わりに重油を使うことが研究され，1897年，ルドルフ・ディーゼル（Rudolf Diesel：独）により，圧縮した空気中に重油を噴射して燃焼させるディーゼルエンジンが完成され，原動機として使われ始める．

1903年，ライト兄弟（アメリカ）が，ガソリンエンジンを飛行機に搭載し，世界最

004 1章 内燃機関とは

初の飛行に成功して，航空機の世界でも急速な進歩をとげてきた.

1791年にバーバー（J. Barber：英）はガスタービンの原型を発明し，1872年，シュトルツェ（F. Stolze：独）がガスタービンの製作に成功した. さらにその後，1938年に，ブラウン・ボベリ社（スイス）が発電用ガスタービンを完成して，実用化への道を開いた.

1939年に，ドイツのハインケル機が初めてジェットエンジンを搭載して飛行に成功した. これよりジェットエンジンは，ガソリンエンジンに代わり，大空の大量輸送の役割を果たし始める. 第二次世界大戦後，これらの技術は，ロケットエンジンの開発につながり，1961年，ソ連（旧ソビエト連邦）が有人の人工衛星を打ち上げ，1969年には，アメリカが月面に人間を送り，その後も世界では宇宙空間の研究や開発が進められている.

このように，内燃機関の技術は，これまで多くの研究者や技術者の研究・開発の努力により高度な技術レベルに到達し，輸送機関や各種産業用の原動機として，産業発展の原動力となっている. 内燃機関の研究・開発は"ものづくり"技術の基礎の学びとして，今後もその重要性が変わることはないであろう.

1·6 原動機の未来

人間社会の営みには，人の移動と物資の輸送は欠かせない. 人間は豊かさを求めてますます行動範囲，要求が広がる. 自動車・鉄道・船舶・航空機など輸送機関は，それぞれの環境・要求の中で有効に使用されている. その中で内燃機関を原動機とする輸送機関は，約6割を超える.

このうち，現在，原動機の燃料として使用されている石油系エネルギーの埋蔵量には限界があり，約50年前後で不足が本格的化すると予測されている. 近未来から未来にかけて，エネルギーと原動機は，表1·4のように推移していくと考えらる.

表1·4 エネルギーと原動機の未来

	産業革命	現在	近未来	未来
エネルギー	石炭	石油	石油，バイオマス，天然ガス	水素ガス，原子力エネルギー
原動機	蒸気機関	内燃機関	内燃機関，燃料電池，モータ	内燃機関，燃料電池，モータ

関西電力（株）：原子力・エネルギー図面集，2017より作成.

いま，エネルギー資源の供給量と環境保護の研究が進み，乗用車などについては，石油系燃料以外のエネルギー活用をめざした研究が進んでいる. すでに，電気自動車，燃

料電池自動車，水素燃料自動車などが実用化されている．

　将来には，水素燃料自動車などが主流となると想定される．一方，トラック，バス，建設機械・重機械，船舶用機関には，持続性と安定したパワーが要求される原動機として内燃機関の需要は，将来も継続されると予想される．

1章 | 練習問題

1・1 原動機の分類を調べよう．

1・2 内燃機関と外燃機関の相違を述べ，代表的な機関を調べよう．

2

往復動内燃機関の概要

2·1 往復動内燃機関とは

　内燃機関のうち，シリンダの中で可燃ガスを燃焼・膨脹させ，ピストンの往復動を回転動力として取り出す機関を，**往復動内燃機関**（reciprocating internal combustion engine：レシプロケーティングインターナルエンジン）といい，一般に**レシプロエンジン**とも呼ばれている．

2·2 内燃機関の分類

　エンジンは，作動方式や燃料供給方式，シリンダの数や配列などによって，次のように分類できる．

1. 作動方式による分類

　① **4サイクルエンジン**　ピストンが4行程（ストローク）する間に1サイクルが完了するエンジン．

　② **2サイクルエンジン**　ピストンが2行程する間に1サイクルが完了するエンジン．

　③ **ロータリエンジン**　エンジン内でロータが回転することで1サイクルが完了するエンジン．

　一般のエンジンは，4サイクル方式を多く採用しているが，一部の小型のエンジンや船舶用エンジンなどの超大型エンジンには，2サイクル方式が用いられている．

2. 燃料供給方式による分類

　燃料供給方式によって分類すると，次のようになる．

① **電気点火式内燃機関**（ガソリンエンジン）
- **キャブレター方式**　ガソリンをキャブレターで混合気に生成し，吸入ポートに供給する方式．
- **ガソリン噴射方式**　電子制御式燃料噴射装置によって吸気系統に高圧噴射する方式．

② **圧縮着火式内燃機関**（ディーゼルエンジン）
- **噴射ノズル方式**　軽油，重油を機械式または電子制御式の燃料噴射装置（ノズル）によって，燃焼室に高圧噴射する方式．
- **コモンレール方式**　サプライポンプで加圧された軽油を，電子制御されたインジェクタによって，燃焼室に高圧噴射する方式．

③ **ガス式内燃機関**（ガスエンジン）
- **LPGエンジン**　液化石油ガス（LPG）をベーパライザで気化させ，ミキサで混合ガスを生成し，吸気ポートに供給する方式．
- **圧縮天然ガスエンジン**　圧縮天然ガスを気化させ，ミキサで混合ガスを生成し，吸気ポートに供給する方式
- **水素ガスエンジン**　水素ガスを気化させ，ミキサで混合ガスを生成し，吸気ポートに供給する方式．

3. シリンダの数による分類
① **単気筒エンジン**　シリンダが1個のエンジン．
② **多気筒エンジン**　シリンダが2個以上のエンジン．

4. シリンダの配列による分類（図2・1）
① **直列型**　シリンダが直列に配置されたエンジン．
② **V型**　シリンダの角度が60度，90度に開いたエンジン．
③ **水平対向型**　シリンダを180度に水平に配置し対向形としたエンジン．
④ **その他**　星型，X型，H型がある．

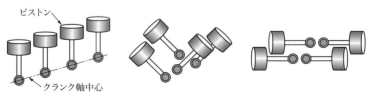

（a）直列型　　　（b）V型　　　（c）水平対向型

図2・1　シリンダの配列

5. 用途による分類
① 陸上用
- **自動車用エンジン** 乗用車，トラック，バスなど．
- **鉄道用エンジン** 気動車，機関車など．
- **建設機械用エンジン** ブルドーザ，クレーンなど．
- **産業用エンジン** 工場用動力，発電機など．

② 海上用
- **船舶用エンジン** 漁船，客船など．
- **しゅんせつ用エンジン** しゅんせつ（浚渫）船．

③ 航空・宇宙用
- **航空機用エンジン** 軽飛行機，一般航空機など．
- **宇宙用エンジン** ロケットなど．

エンジンの型式を表す場合には，これらを組み合わせて，たとえば，"水冷式 V 型 4 サイクル 4 シリンダガソリンエンジン"などのように呼ぶ．

その他の分類については，各章において紹介する．

2·3　往復動内燃機関の作動原理

1. サイクル

往復動内燃機関（レシプロエンジン）では，吸入→圧縮→燃焼→排気という 4 つの作用が繰り返されている（図 2·2）．この循環作用を，**サイクル**（cycle）という．

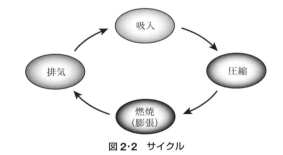

図2·2　サイクル

2. 行程容積

レシプロエンジンでは，ピストンが折返し運動をしているため，2 つの点で一瞬停止する．このような位置を**死点**（dead center）という．上の死点を**上死点**（**TDC**：top dead center）といい，下の死点を**下死点**（**BDC**：bottom dead center）という．

ピストンが上死点から下死点まで動く両死点の距離を**行程**（ストローク：stroke）という．

1つのサイクルを完了するために、クランク軸が2回転するエンジン、すなわち、ピストンが4行程動くエンジンを**4サイクルエンジン**（4 cycle engine）という．また、クランク軸が1回転する、すなわち、ピストンが2行程動くエンジンを**2サイクルエンジン**（2 scycle engine）と呼ぶ．

ピストンが上死点から下死点まで移動する間に押しのける容積を**行程容積**（V_s）、または**排気量**という（図2·3）．ピストンが上死点にあるときシリンダに残っている容積を**すきま容積**（V_c）という．行程容積（V_s）とすきま容積（V_c）の和を**シリンダ容積**（V_h）という．複数のシリンダを有するエンジンでは、全部のシリンダの行程容積の和を**総行程容積**（V_t）、または**総排気量**としている．

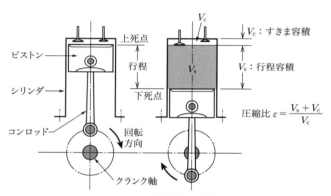

図2·3　行程容積と圧縮比

いま、D：シリンダの内径［cm］、S：ピストンの行程［cm］、Z：シリンダ数とすれば、総行程容積 V_t は、次の式で計算することができる．

$$V_s = \frac{\pi D^2}{4} \times S \quad [\text{cm}^3] \tag{2·1}$$

$$V_h = V_s + V_c \quad [\text{cm}^3] \tag{2·2}$$

$$V_t = V_s \times Z \quad [\text{cm}^3] \tag{2·3}$$

3. 圧縮比

エンジンが回転してピストンが下死点から上死点まで動くと、シリンダ内に吸入された混合ガスは圧縮される．シリンダ内で混合ガスが圧縮される度合いを**圧縮比**という．すなわち、図2·3に示したように、ピストンが下死点にあるときのシリンダ内部の行程容積（V_s）と、ピストンが上死点に達したときの燃焼室の容積、あるいはすきま容積の比を圧縮比 ε という．圧縮比 ε を式で表すと次のようになる．

$$\varepsilon = \frac{V_s + V_c}{V_c} = \frac{V_s}{V_c} + 1 \tag{2·4}$$

圧縮比は，高いほど熱効率がよく，出力は増大し，燃料消費率が小さくなる．しかし，圧縮比は，エンジンのノッキング（**5**章**5·5**節）と関係があるので，無制限に高くすることはできない．ガソリンエンジンの圧縮比は，6〜10くらい，ディーゼルエンジンでは，15〜22くらいが限度といわれる．

4. 往復動内燃機関のpV線図

実際の往復動内燃機関のサイクルは，燃焼ガスの相違，摩擦，完全な断熱変化の困難などで，標準サイクルと多少違ってくる．

実際の内燃機関のサイクルを求めるには，シリンダ内の燃焼ガスの状態（圧力）とピストンの位置について測定，記録する**インジケータ**（indicator）を用いる．

図**2·4**は，ガソリンエンジンのサイクルを求めた線図であり，縦軸に圧力p [MPa]，横軸にピストンの変位量を体積V [mm^3] で表したものである．これをpV**線図**または**インジケータ線図**（indicator diagram）と呼ぶ．図において，吸気バルブは，Aで開いてBで閉じ，排気バルブはEで開いてAで閉じる．BからCまではピストン行程に相当し，線図により囲まれた面積が仕事量となる．

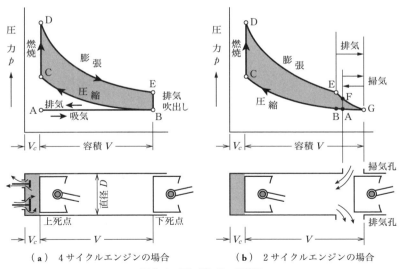

（**a**）4サイクルエンジンの場合　　（**b**）2サイクルエンジンの場合

図**2·4**　エンジンのpV線図

5. バルブタイミングダイヤグラム

4サイクルエンジンの場合，1サイクル（クランクシャフト2回転）で吸気バルブ・排気バルブとも1回ずつ開閉作用を行う．このバルブの開閉する時期を，**バルブタイミング**（弁開閉時期：valve timing）という．エンジンが高速運転をするときには，吸入 → 圧縮 → 燃焼 → 排気の各作用がきわめて短時間に行われるが，混合気や排気ガスなどの流体は急には流れない性質があるので，流れの遅れを考慮し，吸気バルブ・排気バルブの開閉する時期を調整し，効率よく吸入・排気するように設計されている．

また，バルブタイミングは，エンジンの燃焼室の形状，バルブの大きさとカムリフト，エンジン回転速度，燃料供給装置の種類などによっても変わってくる．一般には，吸気バルブは，上死点前で開き，下死点を過ぎて閉じられ，排気バルブは下死点前に開き，上死点を過ぎて閉じられるが，排気行程の終わりと吸気行程の始まりの位置で，吸気バルブと排気バルブの開く時期が重なる．これを**オーバラップ**（over lap）という．

エンジンのバルブタイミングは，図 **2・5** に示すように，クランク軸の回転角度で示される．この円形の線図を，**バルブタイミングダイヤグラム**（valve timing diagram）という．

なお，図 **2・6** は，2サイクルエンジンのポートタイミングダイヤグラムの例である．

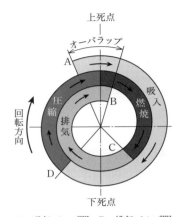

A：吸気バルブ開，B：排気バルブ閉
C：排気バルブ開，D：吸気バルブ閉

図 2・5 バルブタイミングダイヤグラム
（4サイクルエンジン）

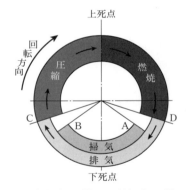

A：掃気ポート開，B：掃気ポート閉
C：排気ポート閉，D：排気ポート開

図 2・6 ポートタイミングダイヤグラム
（2サイクルエンジン）

2・4 往復動内燃機関の標準サイクル

往復動内燃機関の**標準サイクル**には，表 **2・1** に示す種類があり，**基本サイクル**とも呼ばれている．

往復動内燃機関のサイクルは，吸入 → 圧縮 → 燃焼 → 排気の4つの作用が繰り返し

て行われ，熱量の供給は，燃料の燃焼によって与えられる．燃焼ガスの状態変化は，複雑になるので，完全ガスの法則に従い，比熱も一定であると仮定する．この理論的サイクルは，実際のエンジンの燃焼ガスが示す状態にまったく等しいものではないが，各エンジ

表2·1　標準サイクルの種類

4サイクルエンジン	オットーサイクル（Otto cycle）
	ディーゼルサイクル（Diesel cycle）
	サバテサイクル（Sabathe cycle）
	アトキンソンサイクル（Atkinson cycle）
	ミラーサイクル（Miller cycle）
2サイクルエンジン	クラークサイクル（Clerk cycle）

ンの特性を理論的に比較対照することができ，エンジンの熱効率や性能の測定や研究するための重要な基準となっている．

図2·7〜図2·11に標準サイクルの pV 線図を示す．閉じられた曲線に囲まれた部分の面積は，1サイクル中に燃焼ガスが外部に行った理論的な仕事量を表している．

1. オットーサイクル

燃焼が一定の容積のもとで行われる．このために，**定容サイクル**とも呼ばれる．燃焼するガスの状態変化は，次のようになる（図2·7）．

　A→B　混合気の吸入．
　B→C　断熱されながら圧縮．
　C→D　一定の圧力のもとに，燃焼により熱量 Q_1 を外部より受ける（定容加熱）．
　D→E　断熱しながら膨脹．
　E→B　一定の容積のもとに，熱量 Q_2 を排気ガスとして外部に放出（定容放熱）．
　B→A　燃焼ガスの排出．
　ガソリンエンジンがこれに該当する．

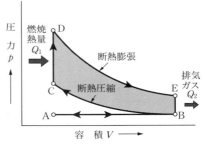

図2·7　オットーサイクル

2. ディーゼルサイクル

燃焼が一定の圧力のもとで行われる．このために，**定圧サイクル**と呼ばれる（図2·8）．燃焼ガスの状態変化は，次のようになる．

　A→B　空気の吸入．
　B→C　断熱されながら圧縮．

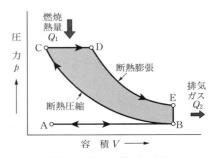

図2·8　ディーゼルサイクル

C → D　一定の圧力のもとに，燃焼により熱量 Q_1 を外部より受ける（定容加熱）.
D → E　断熱しながら膨張.
E → B　一定の容積のもとに，熱量 Q_2 を排気ガスとして外部に放出（定容放熱）.
B → A　燃焼ガスの排出.

このサイクルは，燃焼が一定の圧力で行われ，燃焼時の圧力を長く保てることが特徴である．低速のディーゼルエンジンがこれに該当する．

3. サバテサイクル

サバテサイクルは，オットーサイクルとディーゼルサイクルを複合したようなサイクルのため，**複合サイクル**とも呼ばれる．すなわち，図 2・9 に示すように，

C → D　一定の圧力のもとに，燃焼により熱量 Q_1 を外部より受ける（定容加熱）.

D → E　一定の圧力のもとに，燃焼により熱量 Q_1 を外部より受ける（定圧加熱）.

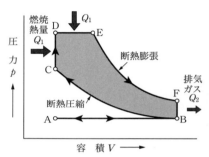

図 2・9　サバテサイクル

最初の燃焼（C → D：定容加熱）は一定の容積で，次の段階では一定の圧力（D → E：定圧加熱）で行われ，排気ガスは一定の容積で行われる．

現在の高速ディーゼルエンジンとして用いられている．ディーゼルエンジンは圧縮比と膨張比が高く，熱サイクルの効率が高い．

4. クラークサイクル

図 2・10 に 2 サイクルエンジンの基本サイクルであるクラークサイクルを示す．

ピストンが下死点から上昇して A 点で排気ポートが閉じて，B を経ながら混合ガスへの圧縮が始まり，C 点までシリンダ内の圧力が高まり，C 点で燃焼ガスに点火され，一定の容積のもとで燃焼して，D 点まで圧力が急激に上昇する．

D 点で膨張が始まり，ピストンは下降し，E 点で排気ポートが開いて，排気ガスの排出が始まる．

F 点で掃気ポートが開かれ掃気が始まり，新しい燃焼ガスがシリンダ内に送り込

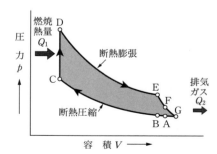

図 2・10　クラークサイクル

まれる．

下死点のG点を通過し，A点で掃気ポートが閉じられ，B点に至るまで燃焼ガスは排出が続けられ，B点で排気ポートが閉じて1サイクルが完了する．

5. アトキンソンサイクル

圧縮行程における圧縮比よりも膨張行程における膨張比が長い燃焼サイクルである．このため**高膨張比サイクル**とも呼ばれる．1882年，ジェームス・アトキンソン（英）により開発された．このサイクルがミラーサイクルにつながった．

6. ミラーサイクル

オットーサイクルは，圧縮比と膨張比が等しいため，圧縮比を高くすると熱効率が向上する特性をもつ．しかし，圧縮比を高くし過ぎるとノッキングが発生しやすくなるため，圧縮を高くするには限界がある．そこで実際の圧縮比を小さくし，ノッキングの発生を防止しながら，燃焼行程で発生する膨脹の比率（圧縮比＜膨張比）を上げ，高いトルクを発生させる目的で開発されたのがミラーサイクルである．

図2·11のように，圧縮行程（C→D）において，吸気バルブを遅く閉じることで，吸入した混合気を少し吸気側に戻す．これにより，ポンプ損失（フリクションロス）も少なくなり，圧縮する容積よりも膨張する容積が大きくなる．

シリンダへの混合気の供給には，一般にスクリュー式コンプレッサを用いて高効率の過給を行う過給ミラーサイクルが採用されている．1947年R. H. ミラー（米）により考案された．

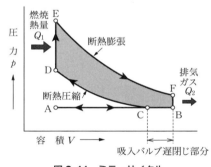

図2·11 ミラーサイクル

2·5　内燃機関の点火システム

1. 圧縮比と圧縮温度

空気をシリンダに吸入して，圧縮すると圧縮熱が発生してシリンダ内の空気の温度が上昇する．このとき圧縮比が高いほど，シリンダ内の圧縮温度が上昇する．これらの関係は，シリンダ内で燃料の点火装置の有無を左右する．圧縮比はおおむねガソリンエン

ジンでは 6 〜 10，ディーゼルエンジンでは約 15 〜 25 程度の値を採用している．

2. 圧縮温度と自己着火の関係

ガソリンエンジンとディーゼルエンジンでは，圧縮行程におけるシリンダ内の圧縮熱および使用燃料の着火温度が異なるため，それぞれ異なった点火システムを用いている．

図 2・12 に，圧縮によるシリンダ内の温度上昇，絶対圧力と燃料の自己着火との関係を示す．

ディーゼルエンジンは，空気だけを吸入して，ピストンが上死点まで圧縮すると，圧縮圧力が 1.5 〜 2.5［MPa］に到達し，シリンダ内の圧縮熱は，約 500℃に達する．ここに，着火温度が約 250 〜 350℃の軽油を噴射すれば，自己着火を起こし，エンジンは確実に燃焼を起こし，連続した運転が可能となる．

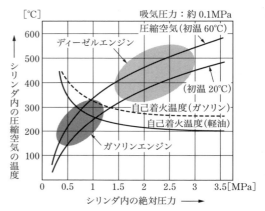

図 2・12 シリンダ内の温度上昇と自己着火温度

一方，ガソリンエンジンは，混合ガスを吸入して圧縮するが，圧縮比が 6 〜 10 程度と低いため，圧縮行程におけるシリンダ内の圧縮熱は，約 300℃にしか上昇しない．ここに着火温度約 250 〜 500℃のガソリンを供給しても自己点火が不安定となるので，点火プラグを用い，点火を確実にしている．

2・6　ガソリンエンジンの作動

内燃機関のうち，燃料にガソリンを用いるものをガソリンエンジンと呼ぶ．このエンジンは，ガソリンを気化させ，空気と適当な割合に混合して混合ガス（混合気）をつくるための**キャブレター**（carburetor：**気化器**）などの燃料供給装置を備える．混合ガスに電気火花で点火させるので，古くは電気火花点火機関とも呼ばれていた．

1. 4サイクルガソリンエンジン

4 サイクルガソリンエンジンは，図 2・13 に示すように，ピストンが 4 行程動く間に

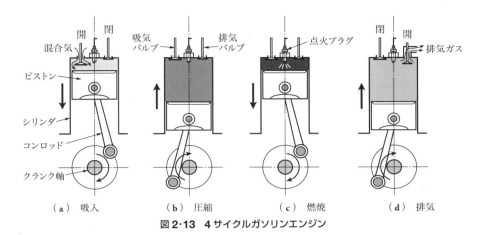

図2·13 4サイクルガソリンエンジン

1サイクルを完了する構造のエンジンであり，行程の作動は，次のとおりである．

（1） **吸入行程** 気化した混合ガス（混合気）をシリンダに吸入する行程を**吸入行程**（suction stroke）という．図2·13(a)おけるエンジンの4作動は，混合気をシリンダ内に吸い込む行程である．混合気を吸い込むための**弁**（バルブ：valve），すなわち**吸気バルブ**（inlet valve）が開き，ピストンが上死点から下死点まで下降する間に，混合気がピストン上部からシリンダ内に吸い込まれる．この間，燃焼後の不要なガスを排出するための**排気バルブ**（exhaust valve）は閉じられている．

（2） **圧縮行程** 図2·13(b)のように，吸入した混合気を圧縮する行程を**圧縮行程**（compression stroke）という．圧縮行程は，吸入行程を終えて吸入バルブ・排気バルブがともに閉じ，ピストンの上昇によって混合気を圧縮する行程である．

（3） **燃焼行程** 圧縮した混合ガスに点火して燃焼させる行程を**燃焼行程**（combustion stroke）という．または，**膨張行程**（expansion stroke）ともいう．圧縮された混合気に電気で点火プラグから火花を飛ばして燃焼させる行程である〔図2·13(c)〕．ピストンは，この燃焼した燃焼ガスの圧力で押し下げられ，コンロッドを通してクランク軸を回転させる．1サイクルの中で，この行程だけが動力を発生する．

この間，吸入バルブ・排気バルブともに閉じたままである．ピストンの下降に従って，燃焼ガスは膨張し，圧力が下がる．

（4） **排気行程** 最後に，図2·13(d)のように，燃焼後，作用が終わった燃焼ガスをシリンダの外に排出させる行程を**排気行程**（exhaust stroke）という．

排気行程は，ピストンが下死点から再び上昇するときに，排気バルブが開いて，燃焼ガスはピストンの上昇によって排気口から排気管を経て，外部に押し出される行程であ

る．ピストンが上死点近くに達すると吸気バルブが開き，反対に上死点少し過ぎて排気バルブが閉じ，排気行程は終わり，吸入行程に移る．クランク軸は，1サイクルで2回転し，その間に4つの行程を行う．

2. 2サイクルガソリンエンジン

2サイクルエンジンは，ピストンの上昇する行程とピストンの下降する2つの行程で作動する機構のエンジンである．すなわち，クランク軸1回転する間に，掃気→圧縮→燃焼→排気の4つの行程を完了する．図2·14に示すように，クランク室は密閉され，ピストンの下死点付近に排気ポート（孔）・吸入ポートを設けてあるが，吸気バルブ・排気バルブの装置はなく，ピストン自体が弁の作用を担っている．

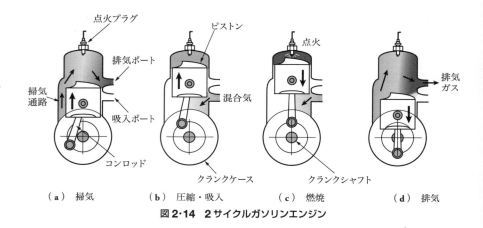

図2·14 2サイクルガソリンエンジン

（1）上昇行程 図2·14（a）のように，ピストンが上死点から下死点に下降するにつれて，混合気は掃気ポートを通り，シリンダ内に圧入される．ピストンが上昇して排気ポートが閉じられると，混合ガスは上死点まで圧縮される．また，圧縮行程の終わりごろに吸入ポートが開かれ，新しい混合気がクランク室に吸入される．

（2）下降行程 図2·14（b）のように，圧縮された混合気は，スパーク（点火）プラグにより点火されて燃焼する．燃焼ガスは膨脹し，その圧力によってピストンは押し下げられ，動力が発生する．下降の終わりごろに排気ポートが開かれ，燃焼ガスの排気が始まる．燃焼ガスを掃気している反対側の掃気ポートから新しい混合ガスがシリンダに送り込まれ，上昇行程の作用が繰り返される．

3. 4サイクルエンジンと2サイクルエンジンの比較

4サイクルエンジンと2サイクルエンジンを比較すると，2サイクルエンジンには，次の示すような長所・短所がある.

① 2サイクルエンジンの長所

- ・バルブ機構が不要. 小型・軽量にできる.
- ・構造が簡単で故障が少なく，価格も安い.

② 2サイクルエンジンの短所

- ・バルブがないためシリンダ内の吸気作用と排気作用が不確実.
- ・混合ガスの一部が排気ガスといっしょに吹き抜け，燃費が悪く，HCの濃度も高い.
- ・吸入する時間が短いので，混合ガスの吸入量が一般に不足し，圧縮圧力を高くすることができず，エンジンの効率は4サイクルエンジンより劣る.
- ・小型のエンジンでは，混合ガスの漏れ防止のため，クランク室の気密性を高くしなければならない.

2·7 | ディーゼルエンジンの作動

ディーゼルエンジンは，1897年にドイツのルドルフ・ディーゼル（Rudolf Diesel）によって完成された.

吸入した空気を圧縮し，シリンダ内が圧縮熱で高温になったところに，燃料を噴射し，その圧縮熱によって自己着火するので，**圧縮着火機関**とも呼ばれている. 動力が発生する行程は，ガソリンエンジンと同様に，ピストンが4行程動く間に1サイクルを完了するが，主に燃料と燃焼過程が異なる.

1. 4サイクルディーゼルエンジンの作動

自動車などに用いられる高速のディーゼルエンジンには，一般に4サイクルエンジンが使われる. 燃料噴射装置があるため，作動は次のようになる.

（1） 吸入行程 吸気バルブが開き，ピストンの下降により空気をシリンダに吸入する.

（2） 圧縮行程 吸入行程を終えて吸入バルブ・排気バルブがともに閉じ，ピストンの上昇によって空気は圧縮され，シリンダ内の空気は約500℃になる.

（3） 燃焼行程 燃料噴射ポンプで圧縮された燃料をシリンダ内に噴射すると，圧縮熱により燃料は自己着火を起こし，燃焼を始める. ピストンは，燃焼ガスの圧力で押し下げられ，コンロッドを通してクランク軸を回転させる. ピストンの下降に従って，燃

焼ガスは膨脹し，圧力が下がる．

（4）**排気行程**　燃焼後の排気ガスは，ピストンが下死点から再び上昇するときに，排気バルブが開き，外部に押し出される．ピストンが上死点近くに達すると，吸気バルブが開き，排気バルブが閉じて吸入行程が始まる．

2. 2サイクルディーゼルエンジンの作動

　ガソリンエンジンと同様に，ピストンの上昇する行程とピストンの下降する行程の2つの行程で，クランク軸1回転する間に掃気 → 圧縮 → 燃焼 → 排気の作動を完了する．

　船舶など低速回転の大型のディーゼルエンジンには，2サイクルエンジン方式が主に用いられている．大型自動車用エンジンとしては昭和30（1955）年代まで2サイクルディーゼルエンジンが用いられていたが，現在では，4サイクルエンジンが主流となっている．

（1）**掃気行程**　ピストンが上死点から下死点に下降するにつれて燃焼ガスは排気バルブより排出され，ルーツ ブロアから送られた空気が，掃気ポートを通ってシリンダ内に送られる〔図2・15（a）〕．

（2）**圧縮行程**　ピストンが上昇して排気バルブが閉じられると，空気は上死点まで圧縮され，圧縮熱が高くなる〔図2・15（b）〕．

（3）**燃焼行程**　圧縮された空気の中に，燃料噴射ポンプで加圧された燃料を燃料噴射ノズルからシリンダに噴射すると，圧縮熱により自己着火を起こし，燃料は燃焼し始め，燃焼ガスの膨脹・圧力によってピストンを押し下げる．この行程で動力が発生する〔図2・15（c）〕．

（4）**排気行程**　下降の終わりごろに排気バルブが開かれ，排気が始まる．一方，シリンダの横ではルーツ ブロアにより，新しい空気の加圧が進められている〔図2・15（d）〕．

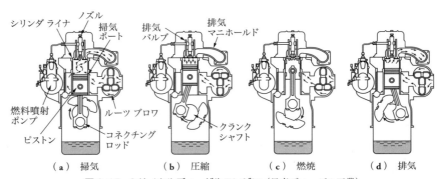

図2・15　2サイクルディーゼルエンジン（日産ディーゼル工業）

2·8 ガソリンエンジンとディーゼルエンジンの比較

　ガソリンエンジンとディーゼルエンジンには，燃料と燃焼過程に違いがあるだけでなく，機構・装置にも相違があるため，表2·3に両者のエンジンを比較する．

表2·3　ガソリンエンジンとディーゼルエンジンの比較

項目	ガソリンエンジン	ディーゼルエンジン
燃　　料	ガソリン	軽油
燃 焼 方 式	点火装置による火花点火	圧縮熱による自己着火
燃料供給方式	キャブレター，インジェクタ	燃料噴射ポンプとノズル
圧　縮　比	6〜10	15〜25
圧 縮 圧 力	低い	高い
燃焼サイクル	オットーサイクル	サバテサイクル
熱　効　率	22〜28%	30〜40%
燃料消費率	約270 g/kW·h	約185 g/kW·h

2章 練習問題

2·1　バルブタイミングダイアグラムの図を描いてみよう．

2·2　なぜ，ガソリンエンジンに点火プラグが必要か考えてみよう．

3

熱と熱力学

3·1 温度，熱量，比熱

1. 温度

物体は，エネルギーを保有する．物体のもつエネルギーの大小は温度により測定が可能である．温度は，摂氏（セルシウス：Celsius）温度［℃］と華氏（Fahrenheit）温度［℉］で表される．摂氏温度は，標準大気圧（101.325 kPa）のもとで，純水の水が融解する温度を 0℃（氷点），同じ圧力下で純水が沸騰する温度を 100℃（蒸気点）とし，0℃と 100℃との間を 100 等分した値を 1℃で表す．華氏温度は，氷点を 32℉，蒸気点を 212℉とし，その間を 180 等分した値を 1℉で表す．摂氏と華氏温度の換算は次のとおりである．

$$摂氏温度［℃］= \frac{5}{9}（華氏温度［℉］- 32） \qquad (3 \cdot 1)$$

熱機関において，熱エネルギーと機械的仕事の関係を計算するときは，絶対温度 T［K］（ケルビン）を用い，これを**ケルビン温度**という．ケルビン温度は，水が気体・液体・固体の平衡状態で共存する水の三重点の温度 0.01℃ を 273.16 K と定めたもので，気体の分子運動が停止し圧力も 0 になる温度を**絶対零度** $T = 0$［K］とし，絶対零度から水の三重点までを 273.16 分の 1 した値を 1 K で表す．絶対温度 T［K］とセルシウス温度 t［℃］の関係は，次のように換算される．

$$T = t + 273.15 \quad［K］ \qquad (3 \cdot 2)$$

2. 熱量

シリンダにピストンをはめ，シリンダ内の気体に熱を与えると，気体は膨脹してピストンを押し上げる．これは，"熱はエネルギーの一種である"ことを示しており，1840年にイギリスのジュール（J. P. Joule）によって明らかにされた．

ジュールは，水槽の中に水車を設け，この軸にひもを巻いて一端におもりをつけ，お

024 | **3章　熱と熱力学**

もりが下がると水車が回転する実験装置をつくった．実験の結果，おもりが下がった位置エネルギーが水車の回転運動に変わり，水車の運動エネルギーが熱に変わって水温を上昇させることがわかった．

標準気圧（101.325 kPa）のもとで，1 g の水の温度を1℃を上昇させるのに必要な熱量を **1カロリー** [cal] といい，この1 cal の熱に相当する仕事の量を，**熱の仕事当量**あるいは**ジュール当量**という．一般に記号 J で表され，$J = 4.19$ [J/cal] と定められている．いい換えれば，1 cal の熱量は，4.19 J の仕事量に相当し，逆に，4.19 J の仕事量は，熱量1 cal に変えられる．工学上は kcal，kJ が使われる．

$$1 \text{ kcal} = 4.19 \text{ kJ} \tag{3·3}$$

また，機械的仕事 W [kJ] と熱量 Q [kcal] とは，

$$W = JQ, \quad Q = AW \tag{3·4}$$

という関係にあり，この式の $A = 1/4.19 = 0.239$ [kcal/kJ] を**仕事の熱当量**という．

また，1 kJ は，物体に 1 N の力が作用して 1 m の距離を移動させる仕事に相当するエネルギーであり，

$$1 \text{ kJ} = 0.239 \text{ kcal} = 1 \text{ N·m} \tag{3·5}$$

という関係にある．

3.　比熱

各種の物体に同じ量の熱を加えても，温度は一様に上昇しない．この温度上昇の度合いを数値で表したものを**比熱**（specific heat）という．比熱とは，質量1 kg の物体の温度を1℃上げるのに要する熱量であり，一般に記号 c で表され，単位は [J/(kg·K)] である．

ある質量 m の物体に熱量 Q を加えたところ，温度は T_1 [K] から T_2 [K] に上昇した．加える熱量 Q は，温度の上昇分 $(T_2 - T_1)$ に比例し，$(T_2 - T_1)$ は，熱を加える物体の質量 m に反比例する．これを式で表すと，

$$Q = m \cdot c (T_2 - T_1) \tag{3·6}$$

比熱 c は，

$$c = \frac{Q}{m(T_2 - T_1)} \tag{3·7}$$

となる．

4.　定容比熱と定圧比熱

図 3·1(a)は密閉された容器で，同図(b)は自由に移動できるピストンをはめ，その上に適当なおもりをのせた容器である．この 2 つの容器の中に，同じ気体を同じ量だけ

同じ圧力で入れて両方に熱を与え，気体の温度を1°Cだけ上げるのに要する熱量を測定したところ，(b)のほうが(a)より多くの熱量を要した．その理由は，(a)は密閉容器であるため気体の体積が一定であるが，(b)は気体が膨張してピストンを押し上げ，熱の一部が仕事に変わり，この分だけ多くの熱量が必要となるからである．

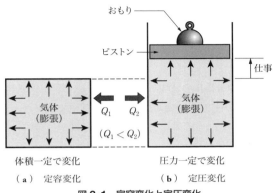

図3・1 定容変化と定圧変化

　容器内の気体の状態は，(a)の場合は体積が一定で圧力が変化し，(b)の場合は圧力が一定で体積が変化する．(a)の変化を**定容変化**といい，(b)の変化を**定圧変化**という．また，比熱も異なる．(a)の比熱を**定容比熱**（c_V）といい，(b)の比熱を**定圧比熱**（c_p）という．定容比熱 c_V と定圧比熱 c_p の比を**比熱比**（specific heat ratio）といい，κ（カッパ）で表す．

　両者の間には，次式のような関係がある．

$$(c_p) > (c_V) \quad \text{あるいは} \quad \kappa = \frac{c_p}{c_V} > 1 \qquad (3 \cdot 8)$$

3・2 気体の状態変化

1. ボイルの法則

　気体の温度を一定にして圧力 p を変化させると，気体の体積 V は圧力が大きくなるほど小さくなる．これを図に示すと，図3・2のような直角双曲線になる．また，式で表すと，次のようになる．

$$pV = 一定 \qquad (3 \cdot 9)$$

　また，温度一定のもとで，$p_1 \cdot V_1$ の状態から $p_2 \cdot V_2$ の状態に等温変化したときは，

$$p_1 \cdot V_1 = p_2 \cdot V_2 \qquad (3 \cdot 10)$$

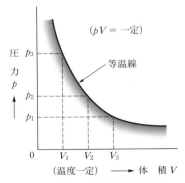

図3・2 ボイルの法則（等温変化）

の関係が成り立つ．

これを**ボイルの法則**といい，この状態の変化を**等温変化**という．温度の変化のないまま p と V が変化するから，等温変化であると理解すればよい．

2. シャルルの法則

気体の圧力を一定にして温度 t を変化させると，気体の体積 V は，温度 1°C の変化に従って，0°C の体積 V_0 の 1/273 ずつ変化する．これを図に示すと，図 **3·3** のような直線になり，また，次式で表される．

$$V = V_0\left(1+\frac{t}{273}\right) \tag{3·11}$$

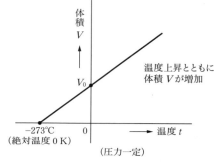

図 3·3 シャルルの法則（等圧変化）

これを**シャルルの法則**という．

そして，図でわかるように，気体の体積は，温度の下降によって減少し，−273°C で 0 となる．この温度は物理学で絶対零度と呼び，これを基準として表した温度を**絶対温度**といっている．一般に T [K] で表す．

したがって，t [°C] の絶対温度 T は，$T = t + 273$ K〔式(**3·2**)〕となるので，式(**3·11**)は，次のような式で表される．

$$V_t = \frac{V_0}{273} \times T \tag{3·12}$$

すなわち，シャルルの法則は，"圧力一定の場合に，気体の体積は絶対温度に比例して変化する"ということである．

3. 気体の状態式

ボイルの法則とシャルルの法則をまとめると，次の状態式で表される．

圧力一定の場合，一定量の気体の比容積 v [m³/kg] と圧力 p [Pa] との積は，絶対温度 T [K] に比例する．

$$pv = RT \tag{3·13}$$

R は，気体の種類によって一定の値となり，これを**ガス定数**と呼ぶ．

上式を**気体の状態式**と呼び，**ボイル・シャルルの法則**という．これが気体の状態変化の基本となっている．

熱エネルギーと仕事 | 3・3 | 027

4. 完全ガス

気体の状態変化を実在の気体にあてはめると，式(3・13)の状態式と多少の違いが生じる．その理由は，気体の分子間に引き合う力がはたらいているので，状態が変化するときにわずかの損失が生じるためである．

熱力学において実在の気体を用いると，理論が複雑になるので，分子間の引き合う力が作用しない理想的な気体を想定している．理想的な気体を用いて状態変化を説明すれば，状態式に完全に従い，簡単な理論として成立させられる．このような理想的な気体を**完全ガス**あるいは**理想気体**という．

比例定数を R [J/(kg·K)]，絶対温度 T [K]，質量 1 kg の理想気体の状態式は，式(3・13)より，

$$pV = RT \text{ [J/kg]}$$

質量 m [kg] の理想気体の体積 $V = mv$ [m³] であるから，比容積 $v = V/m$ [m³/kg] が得られる．これを上式に代入すると，

$$pV = mRT \text{ [J]} \tag{3・14}$$

この比例定数 R は，気体の種類によって定まる**気体定数**で，単位は [J/(kg·K)] である．

3・3 | 熱エネルギーと仕事

1. 熱力学第一法則

熱も仕事も，ともにエネルギーの一つの形態で，熱は仕事に変わり，また仕事は，熱に変わることができる．この法則を，**熱力学第一法則**（the first law of thermodynamics）という．内燃機関は，熱エネルギーを機械的仕事に変えて，動力を発生させる機械である．

2. 内部エネルギー

物質は，分子が集合して形成されている．その集合状態の粗密によって気体・液体・固体に分かれている．気体は，固体・液体に比べて分子間距離が大きく，分子は絶えず自由に運動している．密閉された容器の気体の内部では，分子相互の位置による位置エネルギーと運動による運動エネルギーをもっている．この2つのエネルギーを合わせて**内部エネルギー**という．気体に熱を加えると，分子間の運動が活発になり，運動エネルギーが増大し，一部分は内部エネルギー（熱エネルギー）として蓄えられ，残りが機械的仕事に使われる．

028 | **3章 熱 と 熱 力 学**

内部エネルギー U_1 [J] をもつ気体に、外部から熱量 Q [J] を加えたとき、気体の内部エネルギーは、U_2 [J] に変化する。このとき外部に対して、仕事 W [J] をする。外部から熱量 Q [J] は、次のように変化する。

$$Q = (U_2 - U_1) + W \ [\text{J}] \tag{3·15}$$

3. 熱力学第二法則

熱と仕事の関係は、熱力学第一法則で述べたが、熱のもう一つの特徴は、"仕事は、容易に熱に変えられるが、熱は仕事に変わりにくい"ということである。

たとえば、機械を運転すると、摩擦部に摩擦熱が生じて動力が失われる。この熱を集めても、逆に、機械を運転する動力は得られない。

また、熱は高温度の物体（高熱源）から低温度（低熱源）に移動しやすいが、反対に、低温度の物体から高温度の物体への熱の移動は、熱自身で行うことができない。低温度から高温度に熱を移動させる場合、他のエネルギーを使わなければならない。この性質を表したのが、**熱力学第二法則**（the second law of thermodynamics）である。

熱機関は、熱を機械的仕事に変えるわけであるが、熱力学第二法則に反したエネルギーの転換をさせるため、高熱源と低熱源との間に、熱を伝達する役目の物質、すなわち、作動ガスが必要となる。

エンジンを例にとれば、熱量 Q_1 をもっている混合ガスが高熱源で、大気が低熱源になり、燃焼ガスが作動ガスにあたる。そして、混合ガスの燃焼によって、熱量 Q_1 を受けた燃焼ガスがピストンを動かし、Q_2 が大気中に排出される。この際、熱量 Q_2 をともなうので、仕事に変えられた正味の熱量は $(Q_1 - Q_2)$ となる。

3·4 熱力学サイクル

内燃機関で等温変化を例にとれば、気体が等温で下死点まで膨張したとき、供給したエネルギーと同じ量の仕事をする。次に、逆に同じ状態変化で上死点まで圧縮するとき、気体に外部から膨張行程と同じ量の仕事を与えなければならない。

このように、熱を仕事に変える内燃機関をつくるには、始めの状態に戻す状態変化として、始めと異なった経路を通るようにしなければならない。すなわち、気体の状態変化は、図3·4に示す矢印（1→a→2→b→1）の向きに、閉じられた曲線に沿って行われなければならない。この曲線で表される状態変化を**熱力学サイクル**といい、あるいは単に、**サイクル**ともいう。

同図において、1·a·2·d·c で囲まれる面積が外部へなす仕事であり、2·b·1·c·d で囲

まれる面積が，外部からなされた仕事を表す．有効な仕事量は，閉曲線が囲む面積（1·a·2·b·1）で示される．この場合，与えられた熱量を Q_1，奪われた熱量を Q_2，外部になした仕事量を W とすれば，熱力学第一法則から，先に述べた式(3·15)および式(3·16)が成り立つ．

$$Q = (U_2 - U_1) + W \text{ [J]}$$

$$AW = Q_1 - Q_2 \quad (3·16)$$

そして，仕事に転換された熱量（$Q_1 - Q_2$）と，与えられた熱量 Q_1 との比を，このサイクルの**理論的熱効率**といい，η_{th} で表す．

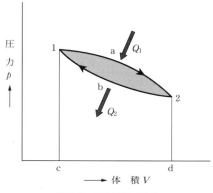

図3·4 熱力学サイクル

$$\eta_{th} = \frac{AW}{Q_1} = \frac{Q_1 - Q_2}{Q_1} = 1 - \frac{Q_2}{Q_1} \quad (3·17)$$

3·5 理想気体の状態変化

質量 m [kg] の理想気体を状態変化させたとき，温度 T [K]，体積 V [m³]，圧力 p [Pa] の状態量の中から，どれか一つを一定に保てば，ほかの状態量が算出できる．

1. 定容変化

容積一定のもとでの状態変化を**定容変化**という．表3·1(a)に示すように，シリンダ内の気体に熱量 Q [J] が加えられたとき，体積 V [m³] は変化せず，圧力 p [Pa] と温度 T [K] が，それぞれ①から②に変化するだけである．容積 V 一定であるから，外部への仕事はせず，加えられた熱量 Q は内部エネルギーの増加となる．

式(3·14)において，$V=$ 一定であるから，

$$\frac{p}{T} = \text{一定} \quad (3·18)$$

となる．

2. 定圧変化

圧力一定のもとでの状態変化を**定圧変化**という．表3·1(b)に示すように，シリンダ

表3·1 理想気体の状態変化

（a） 定容変化	（b） 定圧変化	（c） 等温変化	（d） 断熱変化
体積一定のもとでの状態変化．熱量 Q が加えられても，体積 v は変化せず，① から ② に変化するだけ．	圧力一定のもとでの状態変化．熱量 Q が加えられても，圧力 p は変化せず，① から ② に変化するだけ．	温度一定のもとでの状態変化．熱量 Q が加えられても，温度 T は変化せず，① から ② に変化するだけ．	圧縮・膨張時ともに熱の出入りはない．温度 T は下がり，p と v が ① から ② に変化するだけ．
$v =$ 一定	$p =$ 一定	$pv =$ 一定	$pv^\kappa =$ 一定

内の気体に熱量 Q [J] が加えられたとき，圧力 p [Pa] は変化せず，体積 V [m³] と温度 T [K] が，それぞれ ① から ② に変化するだけである．定圧変化は，気体の膨脹をともなうので，外部に仕事を行う．容積 V は一定であるから，外部への仕事はせず，加えられた熱量 Q は内部エネルギーの増加となる．

状態 ① と ② にそれぞれ式(**3·14**)が適用されるので，次の式となる．

$$\frac{V_1}{T_1} = \frac{V_2}{T_2} = \text{一定} \tag{3·19}$$

3. 等温変化

温度一定のもとでの状態変化を**等温変化**という．表**3·1**(**c**)のように，気体に熱量 Q [J] を加えたとき，温度 T [K] は変化せず，圧力 p [Pa] と体積 V [m³] が，それぞれ ① から ② に変化するだけである．等温変化は，温度 T に変化が起こらないために，内部エネルギー U [J] やエンタルピー H [J] に変化は生じない．

式(**3·14**)に適用すると，

$$p_1 V_1 = p_2 V_2 = \text{一定} \tag{3·20}$$

となる．

4. 断熱変化

表**3·1**(**d**)に示すように，圧縮時に熱を外部に出さず，膨脹時に外部から熱を受け取らず（断熱）に行われる場合を**断熱変化**という．熱量 Q [J] の出入りのともなわない状態変化をいう．

温度 T [K]，体積 V [m³]，圧力 p [Pa] の状態量の中から断熱変化の関係は，次の式で表される．

$$pV^{\kappa} = 一定, \qquad TV^{\kappa-1} = 一定 \tag{3·21}$$

$$\frac{p^{\frac{\kappa-1}{\kappa}}}{T} = \frac{R}{p^{\frac{1}{\kappa}}} = 一定 \tag{3·22}$$

ただし，κ は断熱指数である．

5. エンタルピー

定容変化は，一定体積において行われるため，気体の膨張もない．そのために，外部への仕事 W も発生しない．このため，加えられた熱量 Q [J] は，内部エネルギーの増加 $(U_2 - U_1)$ [J] として蓄えられるので，気体の温度は $(T_2 - T_1)$ [K] だけ上昇する．

加えられた熱量 Q [J] と内部エネルギー U [J]，ならびに温度 T [K] との関係式は次のようになる．

$$Q\,[\text{J}] = U_2 - U_1 = m \cdot c_{\text{v}}(T_2 - T_1)\,[\text{J}] \tag{3·23}$$

ただし，c_{v} [kJ/(kg·K)] は定容比熱を表す．

気体は，内部エネルギー U [J] のほかに，圧力 p [Pa] と体積 V [m³] をもつ．それらの総和を**エンタルピー**（enthalpy）という．エンタルピー H [J] は，次の式で表される．

$$H = U + pV\,[\text{J}] \tag{3·24}$$

理想気体の質量 1 kg 当たりのエンタルピーおよび内部エネルギーは，それぞれ比エンタルピー h [J/kg]，比内部エネルギー u [J/kg] という．

$$h = u + pv\,[\text{J/kg}] \tag{3·25}$$

比エンタルピーは小文字 h で表す（エンタルピー，エントロピーとも，1 kg 当たりについて考える場合，小文字で表す）．

6. エントロピー

物体が一定の温度 T [K] のもとで，熱量 Q [J] を授受するとき，その熱量 Q [J] を絶対温度 T [K] で割った値 S [J/K] を**エントロピーの変化量**という．

$$S = \frac{Q}{T}\,[\text{J/K}] \tag{3·26}$$

7. ポリトロープ変化

理想気体において，等温変化や断熱変化では，熱の出入りがないとして説明してき

た．しかし，実際のエンジンで，ピストン，シリンダ，シリンダヘッドなどは完全な断熱変化ではなく，エンジンを冷却しながら運転している．多少の熱の交換が行われ，圧縮行程および燃焼行程とも断熱変化でも等温変化でもない．図3·5に示すように，断熱変化と等温変化の中間にある．このような状態変化を**ポリトロープ変化**（polytropic change）といい，次の式で表す．

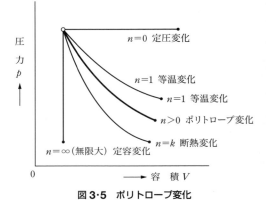

図3·5 ポリトロープ変化

$$PV^n = 一定$$
$$TV^{n-1} = 一定$$
$$\frac{p^{\frac{n-1}{n}}}{T} = 一定 \tag{3·27}$$

これは，式(3·22)で，κ の代わりに n とおいて，この n を**ポリトロープ指数**という．

n の値は，膨張のときは外部から供給される熱が多いほど，圧縮では外部に放散する熱が多いほど小さくなり，$1<n<\kappa$ の間で変化する．実際のエンジンでは，$n=1.2 \sim 1.4$ である．

n の値は，いままで述べたように，状態変化に式にあてはめられる．

① $n=0$　とすれば　$P=$一定　　定圧変化　　　　　　　(3·28)
② $n=1$　とすれば　$pV=$一定　　等温変化　　　　　　(3·29)
③ $n=\kappa$　とすれば　$pV^\kappa=$一定　　断熱変化　　　　　(3·30)
④ $n=\infty$　とすれば　$V=$一定　　定容変化　　　　　　(3·31)

これらを図に示すと図3·5のように，ポリトロープ変化の曲線は，

⑤ $n>0$　のとき　　　　　　ポリトロープ変化　　　　(3·32)

となり，等温・断熱両曲線のほぼ中間にあることになる．

3·6　カルノーサイクル

熱機関は，シリンダ内部で熱力学サイクルを行い，外部から与えられた熱の一部を仕事に変える．フランスのカルノー（N. L. S. Carnot）は，熱機関の最大効率に関する

研究を行い，その結果，図 3・6 に示すような 2 つの等温変化と 2 つの断熱変化を考え，気体を等温膨脹 → 断熱膨脹 → 等温圧縮 → 断熱圧縮の順序に状態変化させて，最初の状態に戻す熱力学サイクルを得た．これを**カルノーサイクル**という．これは理想的なものとして，シリンダとピストンを熱の完全不良導体で摩擦がないものとし，シリンダ内に熱伝達の役目をする可燃性ガス（燃焼ガス）を入れ，熱力学サイクルを行ったものである．

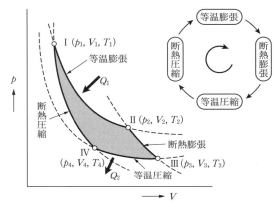

図 3・6 カルノーサイクル

図 3・6 に示すようにシリンダ内の燃焼ガスを，最初 I（p_1, V_1, T_1）という状態において，これから次のような順序でサイクルを行わせる．

① 等温膨脹により II（p_2, V_2, T_2）に状態変化させる．この場合，作動ガスがピストンを押し上げる仕事に相当する熱量 Q_1 がシリンダに移る．

② 断熱膨脹により III（p_3, V_3, T_3）に状態変化させる．

③ 等温圧縮により IV（p_4, V_4, T_4）に状態変化させる．

この場合，燃焼ガスは燃焼することにより，外部から仕事をされたことになり，これに相当する熱量 Q_2 がシリンダから外部に移る．

④ 断熱圧縮により最初の状態 I に戻す．

このサイクルの間に，燃焼ガスが外部になす仕事 W は，式 (3・16) の関係で表され，理論的熱効率は，式 (3・17) から，次のような簡単な式で表される．

$$\eta_{\text{th Carnot}} = \frac{AW}{Q_1} = \frac{Q_1 - Q_2}{Q_1} = \frac{T_1 - T_2}{T_1} = 1 - \frac{T_2}{T_1} \tag{3・33}$$

この式は，"カルノーサイクルの理論的熱効率は，高低両熱源の絶対温度だけによって定まり，その数値は，高熱源の温度が高いほど，また低熱源の温度が低くなればなるほど大きくなる"という原理を表している．しかし，実際の熱機関では，

① 摩擦がある．
② 熱の完全不良導体・完全良導体は実存しない．

したがって，断熱変化や等温変化の実現は困難である，などの理由のために，カルノーサイクルは成り立たない．しかし，実際に開発するエンジンが，カルノーの理想エ

034 | 3章 | 熱 と 熱 力 学

ンジンに比べてどれほど熱効率に相違があるか，また，どれだけ改良する余地があるかなどということを比較・検討するための理論的理想エンジンとして，きわめて重要な意味をもっている．

3章 | 練習問題

3・1 熱力学第一法則とはどのような法則ですか．

3・2 熱力学第二法則とはどのような法則ですか．

4

内燃機関の性能

4·1 エネルギーと仕事

1. 資源エネルギー

自然界にはいろいろな資源エネルギーが存在する．資源エネルギーの種類は，おおむね表 4·1 に示すように大別できる．

このうち，内燃機関は，約 8 割強のエネルギーを化石燃料から得ている．

表 4·1 エネルギーの種類

①	自然エネルギー	太陽光，水力，風力，地熱など
②	生物エネルギー	薪炭木材，菜種，エタノール，生活廃棄物など
③	化石燃料エネルギー	石油，天然ガス，石炭など
④	核エネルギー	自然ウラン，濃縮ウラン，プルトニウムなど

2. エネルギー保存の法則

一般に，自然界の高い所にある物体は，**位置エネルギー**（potential energy）を有している．高い所から落下するときのエネルギーを**運動エネルギー**（kinetic energy）という．二つのエネルギーを合わせて**機械エネルギー**（mechanical energy）といい，次の関係をもっている．

水力発電では，ダムの水が水路を通って流れ落ちるとき，位置エネルギーが運動エネルギーに変わり，発電機を回して**電気エネルギー**を生じる．電気エネルギーは，モータを回すことで，機械エ

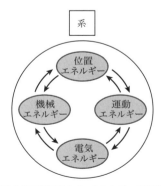

系全体で増減なし ≒ エネルギーの保存

図 4·1 エネルギーの転換と保存

ネルギーに変換され，電車を動かす．図4・1のように，系全体でエネルギーは変換が可能で，変換されて形を変えても，その総量は系全体で増減されることなく，保存されている．これを**エネルギー保存の法則**という．

3. 質量

地球上の物体は引力により，地球の中心に向かって落下しようとしている．物体が落下する速度は，どんな物体でも1秒間に9.8 m ずつ増加し，時間とともに速度は速くなる．この速くなる割合を**重力加速度**といい，$g = 9.8$ m/s^2 で表す．物体の落下しようとする慣性を数量で表したものを**質量**といい，質量 m [kg] のように表す．

これまでの重力単位系では，質量1 kgの物体に標準的加速度のもとではたらく重力を1 kgfとしてきたが，SI単位では，質量1 kgの物体に1 m/s^2 の加速度を与える力を，1 N（ニュートン）とした．したがって，質量1 kgの物体に作用する重力 W は，

$$W = 質量 \times 加速度 = m \times g = 1 \times 9.8 = 9.8 \text{ N} \quad (4・1)$$

すなわち，1 kg の物体には，垂直方向に，9.8 N の重力がはたらいていることとなる．kgf と N の関係は，

1 kgf = 9.8 N

または，

1 N = 1/9.8 kgf = 0.102 kgf

となる．

4. 位置エネルギー

図4・2のように，質量 m [kg] の物体が，h [m] の高さから落下するとき，この物体のもつ位置エネルギーは，物体が下に落ちるまでになす仕事量で表される．式(4・1)より仕事量 W は $m \times g$ であるから，位置エネルギー E_p は，式(4・2)で表される．

$$E_p = (m \times g) \times h = mgh \text{ [J]} \quad (4・2)$$

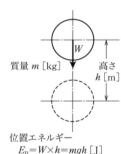

図4・2 位置エネルギー

5. 運動エネルギー

図4・3のように，質量 m [kg] の物体が，v [m/s] の速度で運動しているときの運動エネルギー E_k は，この物体が停止するまでになす仕事量で表される．運動エネルギー

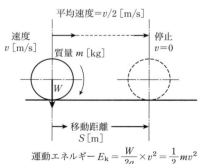

図4・3 運動エネルギー

E_k は，式(4·3)で示される．

$$E_k = \frac{W}{2g} \times v^2 = \frac{1}{2}mv^2 \ [\text{J}] \tag{4·3}$$

運動エネルギーは，式(4·3)で示すように，物体の速度だけで決まり，抵抗力の大きさや，停止するまでの距離には関係がない．

機械的エネルギーは，位置エネルギーと運動エネルギーの和で表される．

6. 仕事

エネルギーの量は，物体の仕事の量で表すことができる．仕事量の大きさは，ある物体に作用した力と，物体の力の方向に動いた距離との積，すなわち，式(4·4)で表される．

$$\text{仕事量} = \text{力} \times \text{距離} \tag{4·4}$$

いま，図4·4(a)のように，F [N] の大きさの力が物体に作用して，その方向に S [m] 動いたとすれば，仕事量 W は，式(4·5)で表される．

$$W = F \times S \ [\text{N·m}] \tag{4·5}$$

また，図4·4(b)のように，力の方向と物体の動いた方向とが一致せず，力の方向に対して，物体が θ の角度の方向に動いたならば，仕事量 W は，式(4·6)で表される．

$$W = F_1 \times S = F\cos\theta \times S \ [\text{N·m}] \tag{4·6}$$

なお，1 N·m = 1 J（ジュール）である．

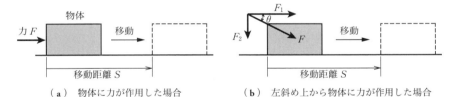

(a) 物体に力が作用した場合　　(b) 左斜め上から物体に力が作用した場合

図4·4　物体に力が作用したときの仕事の量

7. モーメント

物体の運動は，図4·5のように，ある点 O を中心として，r [m] の距離に力 F [N] が作用して回転運動をし，毎分 N 回転（rpm：revolution per minute）したとすれば，力が作用した点が1分間に動く距離は，円周の長さ $2\pi r$（π：円周率）の N

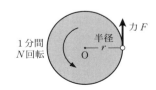

図4·5　回転運動するときの仕事量

038 | **4章** 内燃機関の性能

倍になるので，F が 1 分間になした仕事量 W は，式(**4・7**)で表される．

$$W = F \times 2\pi rN \ [\mathrm{N \cdot m}] \tag{4・7}$$

この場合，$F \times r$ の値は，中心軸を回転させようとする仕事で，これを**回転モーメント**といい，r を**回転モーメントの腕の長さ**と呼んでいる．

すなわち，回転モーメント M は，

$$M = 力 \times 回転モーメントの腕の長さ = F \times r \ [\mathrm{N \cdot m}] \tag{4・8}$$

8. トルク

工学上では，この回転モーメントを**トルク** (torque) といい，ふつう T で表し，単位は $[\mathrm{N \cdot m}]$ である．すなわち，

$$T = M = F \times r \ [\mathrm{N \cdot m}] \tag{4・9}$$

したがって，式(**4・7**)の 1 分間になした仕事量 $W \ [\mathrm{N \cdot m}]$ に，$r = T/F$ を代入すれば，式(**4・10**)のように表される．

$$W = 2\pi NT \ [\mathrm{N \cdot m}] \tag{4・10}$$

4・2 | エンジンの性能

1. エンジンの性能曲線図

内燃機関は，実際にエンジンを単体で運転し，いろいろな運転条件のもとに性能試験を行う．たとえばエンジンにかかる負荷を一定にして運転し，動力計の荷重・回転速度・燃料消費量・潤滑油温度・潤滑油圧力の消費量などを測定する．これらの測定値から出力・トルク・燃料消費率・正味熱効率などを計算し，線図に表す．この線図を**エンジンの性能曲線図**という．エンジンの性能曲線は，エンジンの回転数 N を横座標にとり，各性能値を縦座標にして曲線を描く．図 **4・6** に示した線図はその例で，最も多く用いられるのは，軸出力・軸トルク・燃料消費率の性能曲線である．

① **軸出力** 出力曲線は，回転数 N に比例して増大し，トルクおよび燃料消費率の曲線は回転数 N と関係しながら，右上がりで一定の値をとる

② **軸トルク** 機械効率や平均有効圧力は，回転数によって変化するため，トルク曲線は中高の曲線になる．この回転数をエンジンの経済運転速度という．すなわち，この回転数でエンジンを運転すれば，エンジンのトルクは最大になり，燃料消費量が少なく，経済的な運転となる．

③ **燃料消費率** 燃料消費率は，エンジンの経済性を表す数値を曲線で表したものである．この数値が小さいほど経済的なエンジンといえる．燃料消費率は中央がくぼんだ

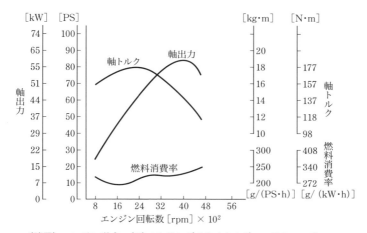

〔諸元〕エンジン型式：水冷4シリンダ4サイクルディーゼルエンジン
総排気量　　　　　：2633 cc
最高出力（ネット）　：63 kW, 65 PS, 4300 rpm
最大トルク（ネット）：177 N·m, 18.0 kg·m, 2200 rpm
最小燃料消費率　　　：262 g/(kW·h), 193 g/(PS·h), 1700 rpm

図4·6　エンジン性能曲線図の例（日産自動車）

曲線になる．そしてトルクの最高点と，燃料消費率の最低点がほぼ同じ回転数のところに表される．

2. エンジンのpV線図

実際にエンジンを運転しながら，シリンダ内の圧力の変化とピストンの変位をグラフに記録したものをpV線図という．図4·7に示す線図において，出力を発生する面積BCDEBからポンプ損失の面積BA′AB′Bを除いた面積が有効仕事となる．

3. 平均有効圧力

pV線図の各ピストンの位置により圧力が異なる．このため，膨張行程の全般にわたってピストンに有効にはた

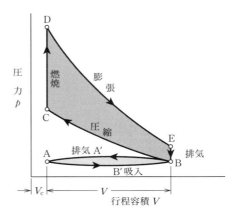

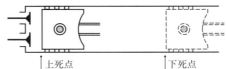

有効仕事の面積：BCDEB
ポンプ損失：BA′AB′B
V_c：すきま容積

図4·7　4サイクルエンジンのインジケータ線図

040 | **4章 内燃機関の性能**

らく圧力の平均値を求めた値を，**平均有効圧力**という．

4. 図示出力

pV線図から求めた仕事を**図示仕事**という．また，線図から求めた平均有効圧力を**図示平均有効圧力**といい，図示平均有効圧力から求めた出力のことを**図示出力** L_i [kW]，または**図示馬力**という．

図示平均有効圧力を P_{mi} [MPa] とし，行程容積 V_s [mm^3]，エンジンの回転数を N [rpm]，シリンダ数を Z とすると，図示出力 L_i は，式(**4·11**)より求められる．

$$L_i = P_{mi} \times V_s \times Z \times N \times \frac{a}{60} = P_{mi} \cdot \frac{\pi}{4} \cdot D^2 \cdot s \cdot Z \cdot N \cdot \frac{a}{60} \ [\text{kW}] \qquad (\mathbf{4\cdot11})$$

ここで，s：ストローク [mm]，D：シリンダの内径 [mm]，a：1サイクルが完了するまでに回転する燃焼回数（4サイクルでは $a = 1/2$，2サイクルでは $a = 1$ とする）．

5. 軸出力

図示仕事から機械損失（**4·4**節参照）を除いた部分が，出力軸から取り出すことができる動力である．

これを**軸出力**（brake power），または**正味出力**，**正味馬力**といい，単位は [kW] で表す．

軸出力 N_e [kW] は，機械効率 η_m（**4·3**節参照）に図示出力 L_i [kW] を掛けて求められる．

$$N_e = \eta_m \times L_i \ [\text{kW}] \tag{$\mathbf{4\cdot12}$}$$

6. 正味平均有効圧力

軸出力 N_e [kW] から求めた平均有効圧力を**正味平均有効圧力**（drake mean effective pressure）といい，記号 P_{me} [MPa] で表す．正味平均有効圧力は，機械損失が除かれるので，機械効率 η_m と図示平均有効圧力 P_{mi} [MPa] との積となる．

$$P_{me} = \eta_m \times P_{mi} \ [\text{MPa}] \tag{$\mathbf{4\cdot13}$}$$

7. 軸トルク

エンジンの回転中に，ピストンに加わる燃焼ガスの圧力がクランク軸を回転させようとするモーメントの平均値を**軸トルク**（engine torque）といい，単位 [N·m] で表す．軸出力 N_e [kW] と軸トルク T_e [N·m]，エンジン回転数 N [rpm] とは，式(**4·14**)の関係がある．

$$N_e = \frac{2\pi \cdot N \cdot T_e}{60} \ [\text{kW}] \tag{4·14}$$

これから

$$T_e = \frac{60 N_e}{2\pi \cdot N} \ [\text{N·m}] \tag{4·15}$$

8. 正味熱効率

実際のエンジンでは，熱効率が理論熱効率より小さくなる．実際の熱効率を正味熱効率 η_e [%] で表す．

$$\eta_e = \frac{\text{エンジンの出力[kW]を1秒間のエネルギーに換算した値[kW]}}{\text{1秒間に消費したエネルギー[kJ]}}$$

$$\times 100 \ [\%]$$

$$= \frac{3600 \times N_e}{B \cdot H_l} \times 100 \ [\%] \tag{4·16}$$

ただし，B：燃料の消費量[kg/h]（$=1/3600$[kg/s]），H_l：燃料の低発熱量[kJ/kg]

9. 燃料消費率

燃料消費率（specific fuel consumption）とは，エンジンの軸出力 1 [kW] を 1 時間発生させるために必要な燃料の質量 [g] をいい，単位は [g/(kW·h)] で表す．エンジンを 1 時間運転するために，燃料は 1 kW 当たり，何 g 必要であるか，ということである．単位時間に供給した燃料の質量を B [kg/h] とすれば，燃料消費率 f_e は，燃料の質量 B [kg/h] を軸出力 N_e [kW] で割ったものになる．ただし，燃料消費率 f_e の単位は [g/(kW·h)] なので，10 を 3 乗して kg を g にする．

$$f_e = \frac{B \times 1000}{N_e} \ [\text{g/(kW·h)}] \tag{4·17}$$

4·3 | 機械効率

1. 機械損失

図示出力 L_i [kW] は，シリンダ内で燃焼した燃焼ガスの仕事をそのまま馬力として発生させたときの値である．しかし，図示出力がエンジンのクランク軸に出力されるまでには，次のような**機械損失**（mechanical loss）がある．

① ピストンとシリンダの摩擦抵抗．

② クランク軸，カム軸，その他多くの回転軸の軸受の摩擦抵抗．
③ オイルポンプ，ウォータポンプ，ゼネレータなど補助装置を駆動するための動力．
図示平均有効圧力 P_{mi} [MPa] から機械損失を除いたものが，正味平均有効圧力 P_{me} [MPa] で，式 (4・13) に示したとおり，機械効率 η_m に図示平均有効圧力 P_{mi} を掛けたものから算出できる．

2. 機械効率

軸出力 N_e [kW] は，機械損失のために図示出力 L_i [kW] よりも小さい．したがって，軸出力 N_e [kW] と図示出力 L_i [kW] の差を**機械損失馬力**という．また，図示出力 L_i [kW] のどれだけ軸出力 N_e [kW] になるかの割合を**機械効率**（η_m）という．

$$\eta_m = \frac{N_e}{L_i} \times 100 \qquad (4\cdot18)$$

3. 動力計

実際にエンジンの出力として利用できる馬力は，図示馬力または軸出力である．エンジンの正味馬力を測定するには，**動力計**（dynamometer）という装置を用いる．動力計には，一般にエンジン運転中のエネルギーを吸収して軸出力，軸トルク，燃料消費率を測定する．動力計には次のようなものがある．
① 摩擦動力計
② 水動力計
③ 電気動力計

（1）摩擦動力計 動力を制動して消費させ，消費された動力をエネルギーに変えて出力を測定する装置である．動力を制動する方法には，プロニーブレーキがある．

プロニーブレーキは，図 4・8 に示すように，エンジンの動力にブレーキ軸を取り付

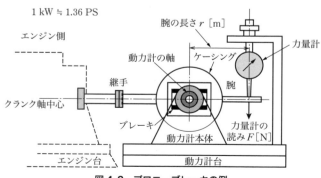

図 4・8 プロニーブレーキの例

け，これを上下2個のブレーキではさみ，摩擦力を利用して動力に制動をかける構造になっている．ブレーキに腕が取り付けられ，その先端が台はかりの上にのせられ，制動時の抵抗を力量計で測定して，動力を計算をする．

　（2）水動力計　エンジンの動力軸にロータを直結し，ロータを水中で回転させる．ロータが回転すると，水は激しくかき回され，水の内部摩擦や渦流によって運動エネルギーを熱エネルギーに変え，ロータを制動する．これと同時にケーシングに制動力と同じ大きさの力が加わる．ケーシングに腕が付いていて，その先端に吊されたばねはかりの力量計から正味馬力が計測できる．

　（3）電気動力計　エンジンの出力を電力に変える一種の発電機で，交流式と直流式がある．発生電力を抵抗に導き，電気抵抗を変化させ，ブレーキ力を調節しながら動力を算出する．

4. 熱勘定と熱効率

　内燃機関は，熱エネルギーを動力に変えるものである．供給された燃料の発熱量がどのように利用されたか，発熱量の分配を計算したものを**熱勘定**という．

　供給された燃料の発熱量を100として，発熱量によって配分された熱量のうち，有効仕事に変えられた熱量とエンジンに供給された燃料との比率［％］を**熱効率**という．

　同等の動力性能をもつエンジンであれば，ガソリンエンジンよりもディーゼルエンジンのほうが熱効率がよい．

　図4・9に自動車用エンジンの熱勘定と熱効率の一例をあげる．また，この図を**熱平衡図**（heat balance chart）ともいう．

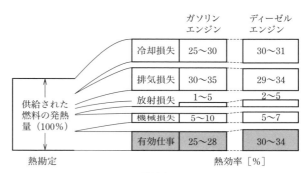

図4・9　熱勘定と熱効率

5. 燃費換算

　自動車を一定の条件のもとで実際に走行させて燃料の消費を測定する方法がある．一定の条件で測定するものには，定地走行燃費，10モード燃費，10・15モード燃費，JC08モード燃費などがある．

　（1）定地走行燃費　無風状態の平坦舗装道路上を時速60 km/hで定速走行したと

きの燃料1リットル当たり何km走行できるかという値である．

（2） 10モード燃費　10通りの走行の方法（モード）を設定したパターンで135秒間1セットとして走行したときの燃費を表す．表4・2に10モード燃費計測法の例を示す．

表4・2　10モード燃費計測法の例

1モード	エンジンを始動したあと，24秒間アイドリングする
2モード	スタートして，7秒間で時速20 km/hまで加速する
3モード	そのまま，15秒間定速で走行する
4モード	その後，7秒間で完全に停止する
5モード	アイドリングで16秒間運転する
6モード	また，スタートして14秒間で時速40 km/hまで加速する
7モード	同じ速度のまま，15秒間走行する
8モード	それから，10秒間で20 km/hまで減速する
9モード	2秒間時速確認してから，12秒間で40 km/hまで加速する
10モード	すぐ，17秒間完全停止まで減速する

参考文献：IT：Car – Market より

（3） 10・15モード燃費　日本の燃費計測の基準となっているものに10・15モード燃費がある．図4・10のように，10モードを3回繰り返し，高速パターンである15モードと組み合わせて計測する．自動車のカタログなどに記載されている．

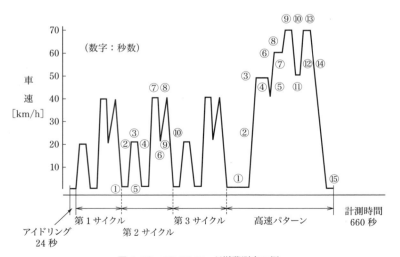

図4・10　10・15モード燃費測定の例

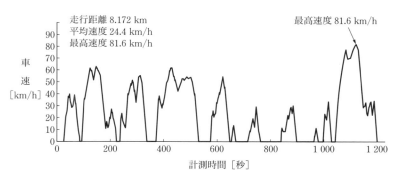

図 4・11　JC08 モード燃費測定の例

（4）**JC08 モード燃費**　1 リットルの燃料で何 km 走行できるかを，いくつかの自動車の走行パターンから測定する．図 4・11 に JC08 モード燃費測定の例を示す．

4章 | 練習問題

4・1　エネルギー保存の法則について，説明しなさい．

4・2　内燃機関の性能を表すインジケータ線図について，説明しなさい．

4・3　自動車販売会社などのカタログのエンジン性能曲線と走行性能曲線から，各自動車の性能について研究してみよう．

5

燃料と燃焼

5・1 燃料

　内燃機関には，主として液体燃料が使われ，一部には液化石油ガスなどの気体燃料も使われている．図 5・1 からわかるように，燃料は，エネルギー資源から精製や変換の工程を経て，各種の燃料として製品化され，それぞれのエンジンのエネルギー源として使用されている．

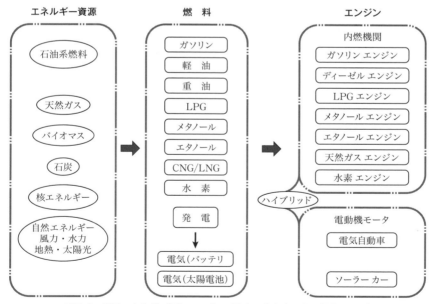

図 5・1　各種エネルギー源とエンジン（参考：自動車工学，鉄道日本社）

048 | 5章　燃料と燃焼

1. 液体燃料

　液体燃料としては，主に石油系燃料が用いられている．石油系燃料は，原油を蒸留・精製して得られる．原油を加熱して蒸発させ，これを冷却して取り出すと，加熱する温度によって性質の異なる製品に分けて精製することができる．

　表 5・1 は，このようにして得られる数種類の燃料を示したものである．

表 5・1　液体燃料の性質

種　類	比　重	低発熱量 [kcal/kg]	理論 混合比	燃料に必要な空気量 [m³/kg]	備　考
ガ ソ リ ン	0.72 〜 0.75	10 400 以上	約 14.8	約 11.4 〜 15.0	オクタン価 85 以上
灯　　　油	0.78 〜 0.85	10 300 以上	約 14.7	約 11.3	
軽　　　油	0.78 〜 0.89	10 200 以上	約 14.2	約 11.1	セタン価 40 以上
重　　　油	0.90 〜 0.89	10 000 以上	約 13.9	10.8 〜 11.1	
ジェット燃料	0.73 〜 0.85	10 200 以上	約 14.7	規格 JP-4	
天 然 ガ ス	—	8 000 [kcal/m³]	—	—	

〔参考〕　日本機械学会編：機械工学便覧，改訂 5 版
蒸留温度（90% 点 °C）：一定の条件の下で 90% の燃料が蒸留される温度を示す．
規格 JP-4：アメリカのジェットエンジン燃料規格を示す．

（1）　ガソリンエンジン用燃料

（a）　性質　ガソリンエンジンの燃料としては，次の性質を備えていることが必要である．

① 発熱量の大きいこと．
② 気化しやすいこと．
③ 異常燃焼を起こしにくいこと．
④ 燃焼が完全で，燃焼速度が適切であること．凝固温度が低いこと．
⑤ 金属類を腐食させないこと．

（b）　種類と性状　ガソリンには，オクタン価や性状などによって，1 号ガソリンと 2 号ガソリンに分けられている．一般に，オクタン価が 89 以上のガソリンをレギュラーガソリン，96 以上をプレミアムガソリン，またはハイオクタンガソリンと呼んでいる．

　くわしくは，日本工業規格 **JIS K 2202** により分類されており，その概略を表 5・2 に示す．

（2）　石油エンジン用燃料　石油エンジンには，灯油または軽油が用いられている．これらの燃料は，揮発性がよくないので引火しにくいが，比較的安全である．

（3）　ディーゼルエンジン用燃料

（a）　性質　ディーゼルエンジンの燃料として最も重要な性質は，以下のとおりであ

燃　料 | 5·1 | 049

表 5·2　ガソリンの種類と性状（JIS K 2202：2012 より）

試験項目／種類	オクタン価（リサーチ法）	密度（15℃）[g/cm³]	分留性状（減失量加算）				
			10%留出温度 [℃]	50%留出温度 [℃]	90%留出温度 [℃]	終点 [℃]	残油量容量 [%]
1号	96.0 以上	0.783 以下	70 以下	75 以上 110 以下	180 以下	220 以下	2.0 以下
2号	89.0 以上						

試験項目／種類	銅板腐食（50℃，3 h）	蒸気圧[*1]（37.8℃）[kPa]	実在ガム[*2] [mg/100 ml]	酸化安定度 [min]	色
1号	1 以下	44 ～ 78	5 以下	240 以下	オレンジ系色
2号					

〔注〕　[*1]　寒候用のものの蒸気圧の上限は 93 kPa とし，夏季用のものは同じく 65 kPa とする.
　　　　[*2]　未洗実在ガムは 20 mg/100 ml 以下とする.
　　　　上表の 1 号，2 号のほか，1 号（E），2 号（E）が新たに規定されている.

る.

① セタン価が高く，自己着火しやすいこと.

② 適度の粘度をもち，金属類を腐食しないこと.

③ 硫黄分が少なく，環境に悪影響を与えないこと.

高速ディーゼルエンジンでは軽油を用い，中・低速ディーゼルエンジンでは，重油を使用している.

（b）　**性状**　軽油については日本工業規格 **JIS K 2204** により分類されており，その概略を表 **5·3** に示す. 一般に，トラック，乗用車のディーゼルエンジン用として，JIS 2 号軽油が使用されているが，寒冷地方では，燃料が凍結しない流動点の低い同 3 号や特 3 号軽油が使用されている.

表 5·3　軽油の種類と性状（JIS K 2204：2007 より）

性状／種類	引火点 [℃]	蒸留性状（90%留出温度）[℃]	流動点 [℃]	10%残油の残留炭素分 [質量 %]	セタン指数[*1]	動粘度（30℃）[mm²/s]{cSt}[*2]	硫黄分 [質量 %]
特1号	50 以上	360 以下	＋5　以下	0.1 以下	50 以上	2.7 以上	0.0010 以下
2号		360 以下	－2.5 以下		50 以上	2.7 以上	
3号		350 以下	－7.5 以下		45 以上	2.7 以上	
3号	45 以上	330 以下[*3]	－20 以下	0.1 以下	45 以上	2.0 以上	0.0010 以下
特3号		330 以下	－30 以下		45 以上	1.7 以上	

〔注〕　[*1]　セタン指数は，セタン価を用いることもできる.
　　　　[*2]　1 cSt ＝ 1 mm²/s
　　　　[*3]　動粘度（30℃）が 4.7 mm²/s {4.7 cSt} 以下の場合は，350℃ 以下とする.

（4）　ガスタービンエンジン用燃料　ガスタービンエンジン用燃料も，ディーゼルエンジン用燃料と同じような性質が要求され，重油が用いられる．

（5）　ジェットエンジン用燃料　高空を飛ぶジェットエンジンの燃料は耐低温性が要求されるので，凝固点が － 60°C 以下であることが必要である．そのほか，ジェットエンジンの燃料に要求される性状には，発熱量が大きいこと，燃焼性がよいこと，熱安定性がよいことや，水分離性がよいことなどが求められている．ふつう，灯油に近い油性の燃料が用いられる．

2.　気体燃料

気体燃料は，一般にガスエンジンの燃料として用いられている．気体燃料は，天然ガスと人工ガスに大別することができ，天然ガスは，おもに石油油田の付近で地中から噴出する可燃性ガスで，圧縮天然ガス（CNG）として用いられている（表5·4）.

表 5·4　気体燃料の分類

天然ガス	圧縮天然ガス（CNG）
人工ガス	液化石油ガス（LPG）
	プロパンガス

人工ガスは，石油の原油から液体燃料を蒸留・精製するときに副産物として発生するガスで，常温状態では気体であるが，高圧にすると液化する．この性質を利用してガスを液化させ，高圧ボンベに詰め，液化石油ガス（一般に，LPG という），またはプロパンガスとして，タクシーやフォークリフトなどのエンジンの燃料として用いられている．

5·2 ｜ 燃焼と発熱量

1.　燃焼

物質の急激な酸化作用を**燃焼**（combustion）といい，ふつう燃焼に際しては，多量の熱と光を発生する．そして，この熱を経済的に利用することができる物質を**燃料**という．

燃料の主成分は，炭素（C）と水素（H_2）であるが，少量の硫黄（S），その他が含まれることもある．これらの炭素，水素，硫黄などが，すべて酸素（O_2）と化合，すなわち燃焼して，炭酸ガス（CO_2），水，または水蒸気（H_2O），亜硫酸ガス（SO_2）などになる．完全に化学変化が行われた場合，これを**完全燃焼**という．

化学変化が不完全で，炭素や水素の可燃性の物質が残っているとき，これを**不完全燃焼**という．

2. 発熱量

燃焼が完全燃焼するとき発生する熱を**燃焼熱**といい，その熱量を kcal で表したものを**発熱量**（carorific power）という．

発熱量は，1 kg，または 1 m³ の燃料と，それと等しい温度の乾燥した空気との混合物を，一定圧力のもとで完全燃焼させ，その燃焼ガスを再び最初の温度まで冷却するときに放出する熱量から測定する．水が熱せられて水蒸気になる場合，全部水蒸気になるまでは，絶えず熱を加えても水の温度は上昇しない（大気圧では 100°C で，これを**沸点**という）．液体が気体に変わるうえで必要となる熱を**気化熱**という．

逆に水蒸気から水に変わるときは，気化熱を放出する．これを気化の**潜熱**（latent heat）という．したがって，気化熱を含めた発熱量を**高発熱量**（総発熱量）といい，気化熱を差し引いた発熱量を**低発熱量**という．内燃機関は気化熱を利用することができないので，低発熱量を用いる．各種燃料の低発熱量は，天然ガスも含め，表 **5・1** に示したとおりである．

5・3 | 燃焼に必要な空気量と燃焼限界

1. 混合比

ガソリン 1 g を完全に燃焼させるのに必要な空気の重量は約 15 g である．容積では，約 50 倍になる．これを**混合比**（空燃比）という．

2. 理論空燃比

一定の燃料を完全燃焼させるために理論上必要な空気量を**理論空気量**という．また，ガソリンを完全に燃焼させるのに必要な混合気の空気とガソリンの重量の比を**理論混合比**（mixture ratio）または**理論空燃比**（air-fuel ratio）という．

3. 燃焼に必要な空気量

燃料の燃焼は，一般に空気中の酸素を利用する．ガソリンを完全燃焼させるのに必要な空気の量は，質量でガソリンと空気の割合が 1 対 14.8 倍となり，容積ではガソリンの約 50 倍の空気が必要になる．この割合は，重油・軽油の場合でも大差はない．

また，燃料と空気との混合ガスをシリンダ内で燃焼させるとき，空気の量が増減しても燃焼は起こるが，一定の限度を超えて増減すると燃焼ができなくなる．この限界を**燃焼限界**といい，限界以内の範囲を**燃焼範囲**という．ガソリンエンジンの燃焼範囲は，ガソリンと空気の質量比（混合比）が 1：8 ～ 20 といわれている．

4. 充てん効率

エンジンが規定の出力を発生するためには、シリンダの行程容積に新しい混合気が充分に吸入される必要がある。標準状態（20°C、1013 hPa、湿度60%）での行程容積に対する新気の割合を**充てん効率**という。

$$充てん効率 = \frac{実際に吸入した混合気の質量}{標準状態で行程容積を占める混合気の質量} \quad (5・1)$$

なお、標準状態に換算せず、測定時の温度と圧力をそのまま用いた場合の効率を、**容積効率**と呼ぶ。

5. 空気過剰率

理論上必要とされる空気量に対する実際に吸入した空気量の割合を**空気過剰率**という。

$$空気過剰率 = \frac{実際に吸入した空気の質量}{吸入された（噴射された）燃料を完全燃焼させる理論空気の質量} \quad (5・2)$$

ディーゼルエンジンは、噴射された燃料の近くから燃焼が進行していくので、ガソリンエンジンよりも空気過剰率を多くしており、一般に、空気過剰率を全負荷の最大噴射時には約1.2、低速運転時の最小噴射時には約2.5以上としている。

6. リッチバーンとリーンバーン

ガソリンエンジンの燃焼においては、空気と燃料の割合が出力や有害な排気ガスの排出に影響を及ぼす（図5・2）。エンジンに供給される空気の質量比（理論空燃比）よりも濃い混合気での燃焼を**リッチバーン**（バーン：燃焼）、逆に希薄な混合比での燃焼を**リーンバーン**という。理論混合比は、空気14.8：燃料1の割合とされている。一般に、理論混合比よりも少し濃い空燃比での燃焼では、一酸化炭素（CO）、炭化水素

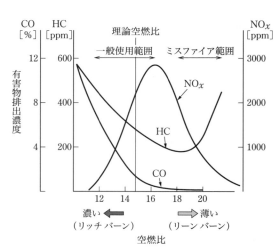

図5・2 空燃比と有害ガス排出の関係

(HC)が排出されるが，薄い空燃比では減少する．窒素酸化物（NO$_x$）は理論空燃比よりも少し薄い部分で排出が最高となる．

7. 燃焼のしかた

シリンダ内では，次のような燃焼を行っている．

（1） **火炎伝播燃焼** シリンダ内に混合気を吸入し，点火プラグによって燃料を点火・燃焼させる方式で，ガソリンエンジンが該当する．

（2） **拡散燃焼** シリンダ内に空気だけを吸入し，燃料噴射ノズルから燃料を噴射し，圧縮熱によって自己着火させ，周囲に拡散させながら燃焼させる方式で，ディーゼルエンジンが該当する．

（3） **予混合圧縮自己着火燃焼** シリンダ内にあらかじめ空気と燃料を混合させて吸入し（予混合），それを高く圧縮する．その圧縮熱によって自己着火・燃焼させる方式である．この方式を，予混合圧縮自己着火燃焼（**HCCL**：homobeneous charge compression ignition）と呼ぶ．

5・4 着火性，引火性と揮発性

1. 着火性

燃料を空気中で加熱するとき，ある温度になると，外部から火炎などを近づけなくても，燃料は自然に発火する．この性質を**着火性**または**発火性**という．いま，図 5・3 に示すように，加熱した鉄板の上に軽油とガソリンを落とすと，軽油はしばらくして燃えだすが，ガソリンはすぐ蒸発してしまい燃えることはない．したがって，着火性は軽油のほうがよいことがわかる．この発火し始めるときの最低温度を**着火点**（**発火温度**または**発火点**）という．

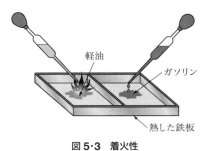

図 5・3 着火性

2. 引火性

燃料に炎，または電気火花を近づけたときに，これが燃えやすいかどうかの性質を**引火**

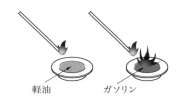

図 5・4 引火性

性という．そして，この引火を始める最低温度を**引火点（引火温度）**という．

図 5·4 に示すように，二つの容器にガソリンと軽油を別々に入れて，火を近づけると，ガソリンは常温で燃え始めるが，軽油は温度を上げないと燃え始めない．したがって，引火性はガソリンがよいことになる．

3. 揮発性

燃料が液体から気体に蒸発しやすいかどうかの性質を**揮発性**あるいは**気化性**という．蒸発する温度が低いほど揮発性がよく，ガソリンは，軽油に比べると非常に揮発性がよい．

ガソリンエンジンでは，混合気に点火させる前に，ガソリンが早く気化して完全に空気と混合していることが望ましいので，揮発性のよい燃料が必要である．しかし，揮発性がよすぎると，燃料パイプやキャブレターなどの中でエンジンの熱などによって高くなり，ガソリンの中に気泡が生じるパーコレーションを起こす可能性が多くなり，ガソリンの流れを妨げることになる．逆に，揮発性がよくないと，エンジンの急加速性が悪くなる．

5·5　ガソリンエンジンのノッキングとオクタン価

1. 異常燃焼とノッキング

エンジンは，運転状態によって異常燃焼を起こし，シリンダ壁をハンマでたたくようなカカカン，カリカリと金属音を発して，出力低下や振動を起こすことがある．この現象を**ノッキング**（knocking）あるいは単に**ノック**（knock）という．図 5·5 に，ガソリンエンジンのノッキングの例を示す．

図 5·6 に示すように，燃焼が進行するにつれて火炎面が広がり，燃焼ガスの圧力が急激に上昇し，未燃焼ガスは圧縮されて温度が高まり，さらに火炎面から燃焼熱を受けて温度はいっそう高くなる．そして，その温度が発火点を越すと，未焼燃ガスが自然発火を起こし，瞬間的に燃焼して高温・高圧の衝撃波が発生して燃焼室壁に当たり，ノック音を発する．

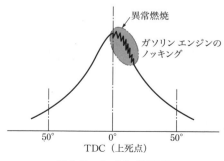

図 5·5　ノッキングの発生

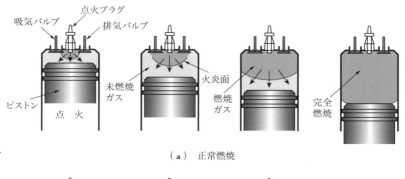

(a) 正常燃焼

(b) 異常燃焼（ノッキング発生）

図5・6 ガソリンエンジンの異常燃焼とノッキング

ノッキングには，異常燃焼（デトネーション）のほかに**過早点火**（プレイグニッション）がある．これは，圧縮比を高め過ぎることで，混合気の温度が上昇して発火点以上になり，点火プラグの火花で点火される前に自然発火を起こす現象である．

2. オクタン価

オクタン価（octan value or octan number）は，ガソリンのアンチノック性を数値で表したものである．

オクタン価は，アンチノック性の高い（ノックを起こしにくい）イソオクタンと，アンチノック性の低い（ノックを起こしやすい）ノルマルヘプタンを標準燃料とし，前者をアンチノック性を100，後者のアンチノック性0として，イソオクタンの混合パーセントで表したものである（図5・7）．

ある燃料のオクタン価を求めるには，まず，イソオクタンとノルマルヘプタンをい

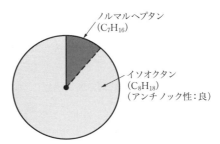

図5・7 オクタン価（ガソリンのアンチノック性）の例

ろいろな容積割合で混合した標準燃料をつくり，これらの燃料を用いて，同一条件でエンジンの運転を行ってノックを起こさせ，その燃料のノックと一致する標準燃料を求める．この標準燃料中のイソオクタンの混合パーセントが，その燃料のオクタン価である．たとえば，オクタン価が 80 の燃料は，イソオクタン 80%，ノルマルヘプタン 20%の混合割合が標準燃料とまったく等しいアンチノック性をもつ燃料である．

3. アンチノック剤

オクタン価を高くするために，アンチノック性を向上する薬品を少量添加する．このようなガソリンに添加する薬品を**アンチノック剤**という．アンチノック剤としては，従来，最もオクタン価の向上ができる四エチル鉛が多く用いられていた．四エチル鉛をガソリンに添加してオクタン価を高めることを**加鉛効果**といい，識別のため紅赤色に色を付け，**有鉛ガソリン**と呼んでいる．

その後，四エチル鉛は，有害な添加剤として 1970 年に使用が禁止され，現在では，鉛を添加しない無鉛ガソリンが使われている．色は無色透明である．

5·6 | ディーゼルエンジンのノッキングとセタン価

1. ディーゼルノック

ディーゼルノックは，燃焼過程において，着火遅れ期間が長ければ長いほど，シリンダ内に噴射される燃料の量（気化される量）は増加する．したがって，自然着火が行われると，これが一度に燃焼するので，急激な圧力上昇となり，衝撃的な燃焼力が働いてノック現象を起こす．これを一般に，**ディーゼルノック**という．

ディーゼルノックは，着火遅れ期間と火炎伝播期間に密接な関係がある．したがって，ディーゼルノックを防止するためには，燃料の着火遅れ期間を短くするとともに，その期間の混合・気化を少なくすればよい．そのためには着火性のよい燃料を使用するとともに，圧縮比を高め，シリンダ内の圧力と温度を高くし，燃料噴射始めにおける噴射量を少なめにする必要がある．これらの方法は，ガソリンエンジンのノックを防ぐ方法と逆になる．

ディーゼルエンジンの燃焼過程については，7 章**7·2** 節に示す．

2. セタン価

セタン価（setane value）は，ガソリンにおけるオクタン価と同様に，ディーゼルエンジンに使用される燃料の着火性の良否を表す数値である．この値が大きいほど着火性

がよく，ディーゼルノックを起こしにくいことを表わす．

セタン価の求め方は，オクタン価と同じように，着火性のよいセタンと，着火性のよくないα-メチルナフタレンを標準燃料とし，前者の着火性を100，後者の着火性を0として，セタンの混合パーセントで表す．すなわち，セタン価45という軽油の着火性は，セタン45%，α-メチルナフタレン55%の割合で混合した標準燃料の点火性と等しいということを意味する（図5·8）．

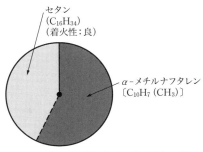

図5·8　セタン価（軽油の着火性）の例

オクタン価とセタン価を測定する機械には，圧縮比を自由に変化できる可変圧縮比燃焼試験機（**CFR**：cooperative fuel research）が用いられる．

5章 | 練習問題

5·1 燃料の着火性と引火性について述べなさい．
5·2 オクタン価とセタン価について簡単に説明しなさい．
5·3 ガソリンのアンチノック性とディーゼルノックとの違いを述べなさい．

6
ガソリンエンジン

　ガソリンエンジン（gasoline engine）は，主としてオートバイや比較的小型の自動車，農業機械，建設機械，船舶，航空機などの原動機として用いられている（図6・1）．

6・1 ガソリンエンジンの概要

1. ガソリンエンジンの構成

　ガソリンエンジンの主要部を大きく分けると，動力を発生させるエンジン本体と，動力発生を補助する装置から構成される（図6・2）．これらの本体と補助装置を分けて説明する．

　（1）エンジン本体　エンジン本体は，シリンダブロックとシリンダを中心として，上部には燃焼室，シリンダヘッド，バルブメカニズムがあり，下部にはクランクケース，オイルパンが，クランク軸を主軸として，エンジンの前部にはタイミングベルトなど補機駆動装置，後部にはフライホイール，クラッチなどが組み付けられる．これらは分解・組立を考慮して，上下・前後にそれぞれ分割して設計されている．また，シリンダ内部は，ピストン，コネクチングロッド，クランク軸，カム軸などから構成される．

　（2）補助装置　エンジン本体に付属する補助装置は，次のようなシステムから構成されている（図6・3）．

　① **吸気システム**　エンジン内に空気を取り入れる装置．エアクリーナ，吸気マニホールドなど．

　② **燃料供給システム**　燃料をシリンダに

図6・1　ガソリンエンジン（日産自動車）

供給する装置．燃料タンク，燃料ポンプ，キャブレタなど．

③ **潤滑システム** エンジン各運動部の摩擦と摩耗を軽減するために，潤滑を行う装置．オイルポンプ，オイルクリーナ，オイルパンなど．

④ **冷却システム** エンジンの過熱を防ぎ，温度を適度に保つための装置．ウォータポンプ，ラジエータなど．

⑤ **排気システム** 燃焼したガスをシリンダの外に排出するための装置．排気マニホールド，マフラ（消音器）など．

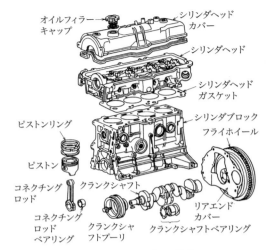

図 **6・2** エンジンの構成

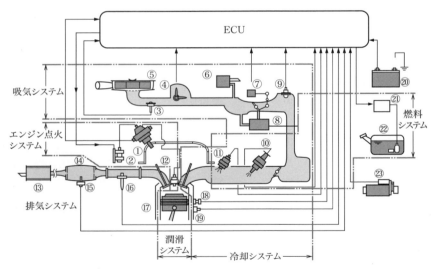

① ディストリビュータ，② イグナイタ付きイグニッション，③ バキュームセンサ，
④ エアフローメータ，⑤ エアクリーナ，⑥ スロットルポジションセンサ，⑦ 吸気管センサ，
⑧ アイドルスピードコントロールバルブ，⑨ バキュームセンサ，⑩ コールドスタートバルブ，
⑪ インジェクタ，⑫ 点火プラグ，⑬ マフラ，⑭ 触媒コンバータ，⑮ バキュームセンサ，
⑯ O_2 センサ，⑰ シリンダ，⑱ ノックセンサ，⑲ 水温センサ，⑳ バッテリ，
㉑ フューエルポンプリレー，㉒ フューエルタンク，㉓ スタータ

図 **6・3** ガソリンエンジンの補助装置

⑥ **点火システム** 混合ガスに点火する装置．点火コイル，ディストリビュータ（配電器）など．
⑦ **電子制御システム** 電子制御技術を用い，エンジンを総合的にコントロールするシステム．
⑧ **電気システム** エンジンを始動し運転を継続するための電気装置．発電・充電システム，バッテリ，始動システムなど．
⑨ **その他** 過給器など

2. ガソリンエンジンの燃焼過程

シリンダ内の混合ガスの燃焼過程は，図 **6·4** に示すように，上死点前 5 ～ 30°の A 点で点火プラグが発火し，B 点で混合気に点火が起こり，C 点より燃焼が開始される．燃焼が広がり，上死点を過ぎた D 点で最高圧力に達する．E 点で燃焼が終わり，排気バルブが開き，燃焼後のガスが排気される．

ガソリンエンジンには，次のような性能が求められている．

① エンジンが小型・軽量で高性能であること．
② 燃料消費が少ないこと．
③ 有害物質の排出や振動・騒音が少ないこと．
④ 耐久性と安全性が高いこと．

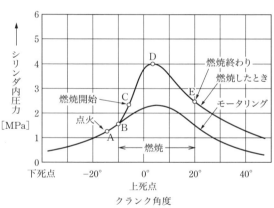

図 6·4 ガソリンエンジンの燃焼過程

6·2 エンジン本体

1. シリンダブロック

シリンダブロック（cylinder block）は，エンジンの中心となる骨格の部分で，上部にバルブメカニズム（動弁機構）とシリンダヘッドが載り（図 **6·2** 参照）．中央にシリンダライナが，下部にクランク軸が入る．水冷式の多シリンダエンジンには，シリンダ壁の外周およびシリンダ内に水の通るウォータジャケットが設けられている．冷却水

は，この通路を循環しながら，燃焼で生じた熱を吸収し，外部のラジエータに放出して，エンジンを適温に保つ．

シリンダ（cylinder）は，ピストンが往復運動する燃焼室のことで，エンジンで最も重要な部分である．シリンダブロックとシリンダヘッドの合わせ目には，気密を保つためガスケットをはさみ，スタットボルト（植込みボルト）で締め付ける．

シリンダライナは，燃焼室を形成している円筒状の部品で，つねに高温・高圧の燃焼ガスにさらされている．図 6·5 に示すように，シリンダブロックに円筒を差し込んだ乾式ライナと，外壁が直接冷却水に接するつば付きの湿式ライナがある．

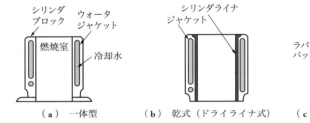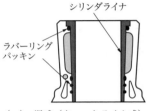

（a）一体型　　（b）乾式（ドライライナ式）　　（c）湿式（ウェットライナ式）

図 6·5　シリンダライナの種類

2. シリンダヘッド

シリンダヘッド（cylinder head）は，シリンダブロックの上部に組み付けられ，混合気や排気ガスなどの燃焼室への出入りを調整する．

吸気バルブや排気バルブ，点火プラグなどの取付け部分のほか，空冷式ではフィン，水冷式では冷却水の通路が設けられている．材質は，アルミニウムを主体とした軽合金鋳物や精密鋳造鋳物が使われている．

3. 燃焼室

燃焼室は，燃焼室の形状および吸気バルブや排気バルブの数や操作機構によって，図 6·6 のように分類される．

（1）**ウェッジタイプ**（くさび形）　燃焼室を三角形のくさび状にしたものである．エンジンに対し，約 20°傾けたバルブ配置ができる．圧縮時の混合気のスキッシュ（押込み：squish）により渦流ができ，ノッキングを起こしにくい．構造は簡単であるが，多バルブ化は困難である〔図 6·6(a)〕．

（2）**ペントルーフタイプ**（屋根形）　くさび形に多くのバルブやカム軸が配置できるようにした形式である．圧縮時に混合気のスキッシュ効果がある．エンジンの高性能

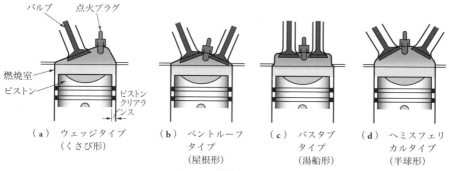

図 6·6　燃焼室の種類

化をめざし，高速回転時でも混合気を充分に吸入できるように，多バルブ化燃焼室とDOHC型バルブ機構が多くのエンジンで採用されている〔図6·6(b)〕．

（3）**バスタブタイプ**（湯船形）　吸・排気バルブの位置を楕円形に凹ませた形式である．スキッシュによる渦流が発生しやすく，またバルブの面積を大きくできない〔図6·6(c)〕．

（4）**ヘミスフェリカルタイプ**（半球形）　燃焼室の形状が半球形である．燃焼室の表面積が小さいため熱損失も少ない．バルブの径を大きくでき，数も増やせる利点がある．〔図6·6(d)〕．

（5）**多球形**　半球型を応用した型式である．バルブの向きに合わせて，さらに球型をつくったものである．多バルブ化できる長所をもつが，圧縮時に渦ができやすく，構造が複雑になる短所もある．

4.　ピストン

（1）**ピストンの構造**　ピストン（piston）の構造を図6·7に示す．ピストンの外径は，シリンダの直径よりもやや小さくつくられている．このシリンダ内径よりピストン

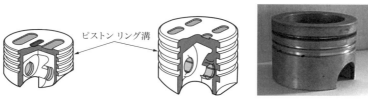

　（a）ガソリンエンジン用ピストン　　　（b）ディーゼルエンジン用ピストン

図 6·7　ピストンの構造

外径を差し引いた寸法を，**ピストンクリアランス**（piston clearance）という〔図 **6·6**（**a**）参照〕．このクリアランスが小さ過ぎると，ピストンが焼き付く原因となり，逆に大きすぎると，燃焼ガスもれが生じて出力の低下につながる．

図 **6·8** に示すように，ピストンの頂部を**ピストンヘッド**（piston head）といい，またピストンの下部を**スカート**（skirt）と呼んでいる．ピストンヘッド近くにピストンリングの溝，本体中央にピストンピンの入るピストンピンボス部がある．

ピストンは，シリンダの中で高温と圧力を受けながら，高速度で往復運動する．このためピストンには，高温・高圧に耐えること，熱伝導がよく熱膨張が小さいこと，軽量であること，耐摩耗性の大きいことなどの性質が要求される．

アルミニウム合金ピストンの材料としては，耐熱性のすぐれた高けい素アルミニウム合金（Y 合金）と膨脹係数の小さい**ローエックス**（lo-ex：low expansion）がある．近年，高速回転に適するように，ピストンコンプレッションハイト（ピストンピン中央部からピストンの上部までの寸法）を短くし，軽量化が図られている．

（2） ピストンの形状　ピストンはピストンヘッドの形によって平形，凸形，凹形などに分類することができるが，一般に平形・凹形のピストンが用いられる．高温・高圧燃焼ガスにさらされながら，往復運動するために，各種の工夫が施されている．

①　**ソリッドスカートピストンとスリッパスカートピストン**　図 **6·8**（**a**）のように，ピストンはふつう円筒状に製作されている．この形のピストンをソリッドスカートピストンという．また，ピストンにサイドスラスト（側圧）がかからないように，スカートを軸と直角方向に切り欠き重量の軽減を図ったピストンを，スリッパスカートピストンという〔図 **6·8**（**b**）〕．

②　**円すいピストン**　ピストンは，ピストンスカート部よりヘッド部のほうが加熱されるため，膨脹する割合が大きい．そのため図 **6·8**（**c**）に示すように，ヘッドの直径 A は，スカートの直径 B より小さく加工されている．これを円すいピストンという．

③　**楕円ピストン**　図 **6·8**（**d**）のように，ピストンピンボス部は他の部分より肉厚になっているため，熱膨張も大きい．そこで，暖機運転中に真円となるようにボス方向の直径を小さく加工してある．ピストンヘッドが，楕円形となっているため，楕円ピストンまたは**カムグランドピストン**と呼ばれている．

④　**インバストラットピストン**　図 **6·8**（**e**）のように，アルミニウム合金ピストンの熱膨張による変形を防ぐため，ピストンボス周囲に鋼板でつくったストラット（支え板）をいっしょに鋳込んだピストンである．一般的には，熱膨脹のきわめて少ないインバ鋼（Fe：64%，Ni：36%）を用いた**インバストラットピストン**が多く使われている．

⑤　**オフセットピストン**　往復運動中のピストンのフラッタ（首振り現象）やスラップ（打音）を防ぐため，ピンの取付け位置をピストン中心から約 0.5 mm 程度，オフ

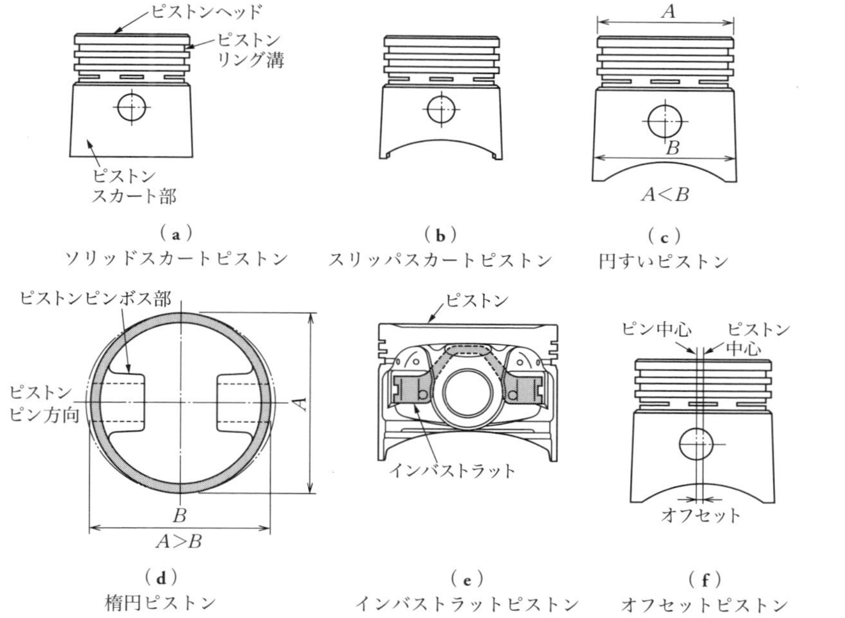

エンジン本体 | 6·2 | 065

(a) ソリッドスカートピストン	(b) スリッパスカートピストン	(c) 円すいピストン
(d) 楕円ピストン	(e) インバストラットピストン	(f) オフセットピストン

図6·8 ピストンの形状

セット（偏心）させたピストンである．通常はクランクシャフトが回転する方向，つまり膨張行程においてピストンが押しつけられる側にオフセットさせる〔図6·8(f)〕．

5. ピストンリング

(1) ピストンリングの機能　ピストンリング (piston ring) は，リングの弾力でシリンダ壁に密着し，シリンダの気密を保ちガス漏れを防ぐ．さらに燃焼室の潤滑油をかき落とし，ピストンが受けた熱の大部分をシリンダ壁に伝える．ピストンの上半部に2～3本のリング溝があり，円形の一部を切断したピストンリングが組み込まれている．図6·9に，ピストンリング各部の名称を示す．

(2) ピストンリングの種類　ピストンリングは，コンプレッションリングとオイルリングに分けられる．

① **コンプレッションリング** (compression ring)　**圧力リング**とも呼ばれ，主としてシリンダ内の気密を保つ役割を担う．一般にピストンの上部に2～3本取り付けられて

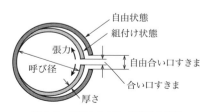

図6·9 ピストンリング各部の名称

いる．

コンプレッションリングは，図 6・10（a）に示すプレーン形リングが基本形で，そのほかバレルフェース形，テーパフェース形，インナベベル形，インナカット形，アンダカット形，テーパアンダカット形などがある．また，シリンダ壁と接触するフェースの面や上下の面にクロムめっきを施したクロムめっきリングがある．

② **オイルリング**（oil ring）　オイルリングは，コンプレッションリングの下側に 1 ～ 2 本取り付けられる．図 6・10（b）に示すように油穴があけられ，シリンダ壁から潤滑油をかき落とす役割を担う．炭素鋼などを材料とし，鋼板を溝形にして多くの穴をあけコイルやスペースを組み入れ張力をもたせたコイルエキスパンダ形オイルリングやスペースエキスパンダ形オイルリングなどがある．

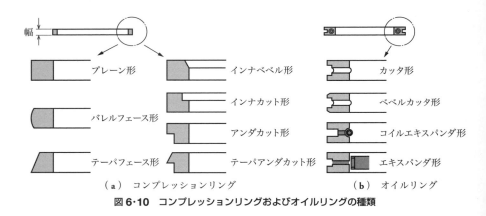

図 6・10　コンプレッションリングおよびオイルリングの種類

（3）**ピストンリングの合い口の形状**　ピストンリングは，ピストンに組み込むために，リングの一部を切断してある．ピストンリングは，合い口の形状から図 6・11 ように分類できる．

① **バットジョイント**　端面を直角に切り，左右から突き合わせた形式．

② **アングルジョイント**　切り口を 45°に傾けた形式．

③ **ラップジョイント**　段付き面を互いに重ね合わせた形式．

一般に加工の簡単なバットジョイントが多く用いられている．

（4）**ピストンリングに起こる異常現象**　ピストンリングの取付け幅の狭いピストンが，高温・高圧を繰り返しながらシリンダ内を高速で往復運動をすると，次のような異

常現象が起きる．

① **フラッタ現象**　リング溝内でリングが上下・半径方向に振動する現象．エンジン下部へのガス漏れやエンジンオイルの消費が増加する不具合が起きる．

② **スティック現象**　リング溝にカーボンなどが詰まり，リングが動かなくなる現象．リングの機能が損なわれ，気密性などが低下する．

③ **スカッフ現象**　シリンダとの油膜が切れて，シリンダの表面に引っかき傷ができる現象．オイルの汚れやオーバヒートによって発生する．

6. コネクチングロッド

コネクチングロッド（connecting rod：連接棒）は，ピストンとクランク軸を連結し，ピストンの往復運動をクランク軸の回転運動に変える役目を担う．一般に略して**コンロッド**と呼ばれている．

（1）**コンロッドの構造**　図 6・12 に示すように，ピストンピンに連結する部分を小端部（small end）といい，クランク軸に連結する部分を大端部（big end）という．大端部は，ふつう二つに割れる分割形が使われ，コンロッドキャップは 2～4 本のボルトで取り付けられる．このボルトには，ボルト穴に対して精密に仕上げたリーマボルトが使われる．

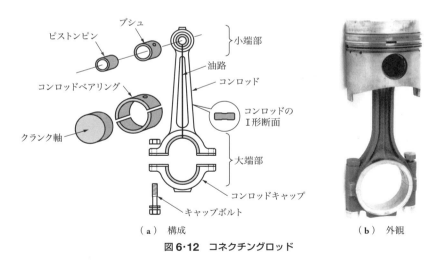

図 6・12　コネクチングロッド

コンロッドは大きな圧縮と引張りなどの荷重を受けるので，これに耐えるために，炭素鋼，Ni-Cr 鋼，Cr-Mo 鋼など材料を用い，ふつう I 形断面に型鍛造して機械的強度を増し，重量の軽減を図っている．

（2）**コンロッドベアリング** クランク軸とコンロッドとの間には，プレーンベアリング（平軸受）が用いられる．プレーンベアリングには図6・13に示すような三層メタル（トリメタル）が多く使われている．

（3）**ベアリングの材料**

図6・13 コンロッドベアリング

① **ホワイトメタル** すず（Sn）と鉛（Pb）を主成分としてアンチモン（Sb），亜鉛（Zn）などを含んだ白色の軸受用合金である．軟らかく，ピン部とのなじみ性や金クズなどとの埋没性もよい．焼きつきにくく，耐食性にすぐれている反面，軟らかいために大きな荷重に弱く，疲労しやすいので，他の金属に重ね合わせて多層メタルのオーバレイ（表面層）として使われる．発明者の名を用い，**バビットメタル**とも呼ばれる．

② **ケルメットメタル** 銅（Cu）を主成分として20〜40％の鉛を含む銅色の軸受合金である．ホワイトメタルより摩耗しにくく，大きな荷重に耐えられる．銅のために焼きつきにくいが，硬いためになじみ性や埋没性に劣る．

③ **アルミニウム合金メタル** アルミニウム（Al）を主成分とし，約10〜20％のSnを含んだ合金で，耐疲労性，耐食性にすぐれている．このメタルは，ホワイトメタルとケルメットメタルの長所を兼ね備えたすぐれた軸受材料で，多く使われている．

また，各メタルの特徴を生かして，裏金の上に2層，3層と重ね合わせ，耐久性の向上を図った**3層メタル**がある．

7．ピストンピン

（1）**ピストンピンの機能** ピストンピンは，ピストンとコンロッドを連結するもので，筒状につくられている．ピストンの中央に肉厚のピストンピンボス部が設けられ，軸受の**ブシュ**（bush）がはめられる．ピストンピンは，コンロッドの小端部を貫通して挿入される．

（2）**ピストンピンの連結方法** ピストンピンとピストンは，次の方法により連結されている．

① **全浮動式**（フルフローテングタイプ） ピストンピンの両端に**スナップリング**（snap ring）をはめたり，アルミニウムまたは青銅などの軟鋼金属でつくられたリテーナをはめたものである．ピストンピンボスやピストンに固定されず，自由に動けるようにしたものである．

② **半浮動式**（セミフローテングタイプ） コンロッドの小端部を割って，ピストンピンをボルトで締め付けて固定したものである．ピストンピンは，ピストンピンボス

内で，自由に動けるようにしてある．

③ **固定式**（ロックタイプ） ピストンピンの一端を，ピストンピンボスにボルトで固定したものである．コンロッドの小端部は，ピストンに固定されず，自由に首が振れるようにしてある．

8. クランク軸

クランク軸（**クランクシャフト**：crankshaft）は，コンロッドを介してピストンの往復運動を回転運動に変え，連続した動力として外部に出力する．さらに，コンロッドを介してピストンに吸入・圧縮・燃焼・排気の各行程を行わせる．

（1） **クランク軸の構造** 図6・14に，クランク軸の主要部分を示す．クランク軸の前端には，タイミングギヤ（調時歯車）が取り付けられ，空転しないように半月キーなどがはめ込まれている．クランク軸の後端は，フライホイールを取り付けるための**フランジ**（つば）が備えられている．

クランク軸は，ニッケルクロム鋼，クロムモリブデン鋼などを用い，型鍛造によって形が作られ，その後，表面の硬さを高める浸炭処理などを行い，精密に機械加工されている．

クランク軸の主軸を**クランクジャーナル**（crank journal）という．クランクジャーナルの軸受を**クランクジャーナルベアリング**または**親メタル**という．一般に，分割形のプレーンベアリング（平軸受）が用いられる．

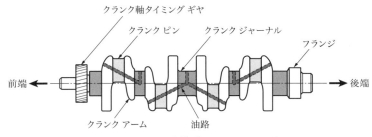

図6・14 クランク軸（クランクシャフト）

（2） **クランクジャーナルベアリング** コンロッドベアリングやクランクジャーナルベアリングには，主としてプレーンベアリングが用いられる．また，タイミングギヤには，ヘリカルギヤが使われるため，軸方向への推力（スラスト）がかかる．そのため，図6・15(a)のように，ベアリングの側方にスラストベアリングを付けている．

クランクジャーナルベアリングには次のような要件が求められる．

① クランク軸とのなじみ性がよいこと．

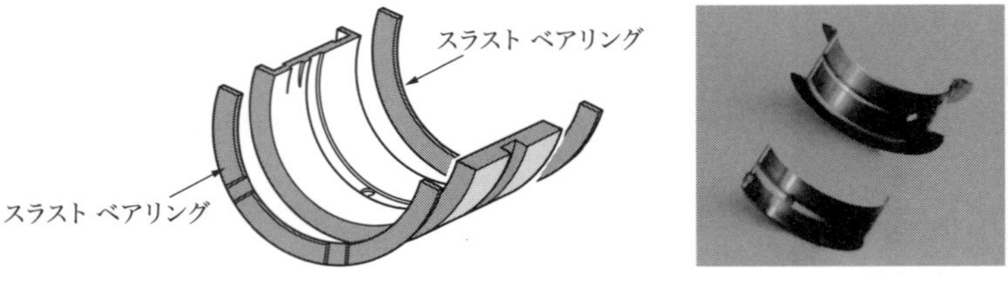

図6·15 スラストベアリング付きクランクジャーナルベアリング

② クランク軸と焼きつきにくいこと．
③ 腐食・摩耗がしにくいこと．
④ 高速回転に耐えられ，長時間使用しても疲労しにくいこと．

9. フライホイール

フライホイール（flywheel：はずみ車）は，燃焼行程で発生した回転動力を蓄え，燃焼行程でのみ発生する回転動力を，全体的に滑らかに回転にさせるため取り付けてられている（図6·16）．

フライホイールの外周には，スタータのピニオンギヤとかみ合わせるために**リングギヤ**（ring gear）がはめられている．

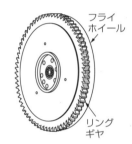

図6·16 フライホイール

10. クランクピンの配置と点火順序

3シリンダ以上の多シリンダエンジンでは，エンジンがバランスよく回転するようにクランクピンの位置が対称的に配置され，シリンダの点火順序もクランク軸が円滑に回転するように工夫されている．

点火順序は，シリンダ番号で表され，エンジンの前方（フライホイールの反対側）から順に番号で呼ばれる．

直列型のエンジンでは，1，2，3，…の順である．水平対向型エンジンでは，2列の各シリンダに右1，左1，右2，左2，…と位置に番号をつけて呼ぶ場合や，V型エンジンのように，右バンク（右側シリンダ）を奇数番号に，左バンク（左側シリンダ）を偶数番号の順に呼ぶ場合がある．また，各メーカーによる呼び方もある．

点火順序は，次のような条件から決定される．

① 発生動力の変動やむらを少なくするために，一定のクランク角度を隔てたシリンダで燃焼を起こさせる．

エンジン本体　6·2　071

② 隣接したシリンダに続いて起こさせない.

③ クランク軸へのねじり振動発生を少なくする.

④ 4サイクル直列エンジンの点火順序では，1回転目の点火シリンダと2回転目の点火シリンダの番号を加算すると，シリンダ数 ＋1となる.

　小型の2サイクルエンジン，および奇数シリンダ数の4サイクルエンジンでは，点火順序は1通りしかないが，多シリンダのエンジンでは，複数の点火順序がある.

　表6·1に，主なクランクピンの配置と点火順序について説明した.

（1）2シリンダエンジン　2シリンダエンジンでは，2サイクルでは180°ごとに，4サイクルでは360°（1回転）ごとに点火が行われる.

・　1 → 2

（2）4シリンダエンジン　直列型エンジンでは，同時に作動するシリンダは，1回

表6·1　主なクランクピンの配置と点火順序（その1）

シリンダ数	サイクル	クランクピンの位置	点火の間隔	点火順序	2個のシリンダの番号の和
2	2	1·2←点火順序　エンジン回転方向	$360° \div 2 = 180°$	1 → 2	
	4		$720° \div 2 = 360°$	1 → 2	
4	4	1·4　2·3	$720° \div 2 = 180°$	1 − 2 − 4 − 3　⑤　⑤	1＋4＝⑤　2＋3＝⑤　シリンダ数4　＋1＝⑤
		1·4　3·2		1 − 3 − 4 − 2　⑤　⑤	
6	4	1·6　5·2　3·4	$720° \div 6 = 120°$	1−5−3−6−2−4　⑦　⑦　⑦	1＋6＝⑦　5＋2＝⑦　3＋4＝⑦　シリンダ数6　＋1＝⑦
		1·6　4·3　2·5		1−4−2−6−3−5　⑦　⑦　⑦	
8	4	1·8　6·3　5·6　2·7	$720° \div 4 = 90°$	1−6−2−5−8−3−7−4　⑨　⑨　⑨　⑨	1＋8＝⑨　6＋3＝⑨　2＋7＝⑨　5＋4＝⑨　シリンダ数8　＋1＝⑨
		1·8　5·4　3·4　7·2		1−5−7−3−8−4−2−6　⑨　⑨　⑨　⑨	

072 | **6章** | ガソリンエンジン

転離れた作用を行う．

このため，4気筒以上の直列エンジンにおいて，同時に作動するシリンダの点火順序を加算すると，シリンダ数 +1 となる．以下，同じである．

点火の順序は，次の 2 種類がある．

① 1→2→4→3　1＋4＝⑤，2＋3＝⑤　（シリンダ数 ＋1）

② 1→3→4→2　1＋4＝⑤，3＋2＝⑤　（シリンダ数 ＋1）

（3）　**6 シリンダエンジン**　6 シリンダのエンジンのクランク軸は，表 **6・1** の 2 種類あって，右手クランク，左手クランクの 2 種類があり，次の 2 つの点火順序が最も適している．

① 1→5→3→6→2→4

② 1→4→2→6→3→5

（4）　**直列 8 シリンダエンジン**　直列 8 シリンダのエンジンのクランク軸は，クランク角度は 90° で，最も合理的な点火順序として，次の 2 つが採用されている．

① 1→6→2→5→8→3→7→4

② 1→5→7→3→8→4→2→6

表 6・2　主なクランクピンの配置と点火順序（その 2）

シリンダ数	サイクル	クランクピンの位置	点火の間隔	点火順序
3	2		$360° \div 3 = 120°$	1→2→3
	4		$720° \div 3 = 240°$	1→3→2
水平対向 4	4		$720° \div 4 = 180°$	1→4→2→3 1→2→3→4
5	4		$720° \div 5 = 144°$	1→2→4→5→3
60° V 型 6	4		$720° \div 6 = 120°$	1→2→5→6→3→4
90° V 型 8	4		$720° \div 4 = 180°$	1→3→7→5→2→4→8→6

（5）**奇数シリンダエンジン，水平対向型エンジン**　これらは，次のような順序で点火が行われている．
　① 3シリンダ　1→2→3　1→3→2
　② 水平対向型4シリンダ　1→3→4→2　または　1→4→2→3
　③ 5シリンダ　1→2→4→5→3

（6）**V型6シリンダエンジン**　V型6シリンダの左右シリンダの角度は90°で，クランク軸の構造も，表**6·2**のようになる．3個のクランクピンが180°の角度をなし，一般に用いられている点火順序は，次のようなものが多い．
　・　1→2→5→6→3→4

（7）**V型8シリンダエンジン**　V型8シリンダの左右シリンダの角度は90°で，クランク軸の構造も，表**6·2**のようになる．4個のクランクピンが180°の角度をなし，一般に用いられている点火順序は，次のようなものが多い．
　・　1→3→7→5→2→4→8→6

11．バルブメカニズム

（1）**バルブ開閉機構**　バルブの開閉機構を**バルブメカニズム**という．バルブメカニズムは，バルブの配置やカム数によって，サイドバルブ式とオーバヘッドバルブ式がある．

　① **サイドバルブ式**（SV式：side head valve type）　図**6·17**（**a**）のように，シリンダブロックの横側に吸気バルブ・排気バルブを並べて取り付けたものである．バルブを押し上げるだけの比較的簡単なバルブ機構となる．

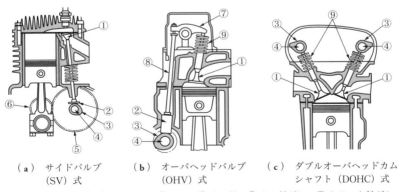

（**a**）　サイドバルブ（SV）式　　（**b**）　オーバヘッドバルブ（OHV）式　　（**c**）　ダブルオーバヘッドカムシャフト（DOHC）式

①吸気・排気バルブ，②タペット，③カム，④カム軸，⑤カム軸ギヤ，⑥クランク軸ギヤ，⑦ロッカアーム，⑧プッシュロッド，⑨バルブスプリング

図6·17　バルブメカニズムの方式

② **オーバヘッドバルブ式**（OHV 式：overhead valve type）　図 **6・17**（**b**）のように，バルブがシリンダヘッドに取り付けられている．この方式を**ハイカムシャフト方式**ともいう．

③ **オーバヘッドカムシャフト式**（OHC 式：overhead camshaft type）　カム軸をシリンダヘッド上に配置した方式をいう．1 本のカム軸を用いた形式を SOHC（single overhead camshaft），2 本のカム軸を用いた形式を DOHC（double overhead camshaft）と呼ぶ．高性能エンジンには，図 **6・17**（**c**）のような DOHC が用いられている．

これらをバルブ機構の慣性質量から比較すると，OHV 方式より OHC 方式が，さらに DOHC 方式が軽くなり，高速回転・複数バルブ（多バルブ）でもバルブの開閉が行うことができるが，構造が複雑になる（図 **6・18**）．

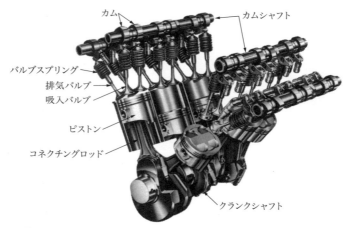

図 6・18　DOHC 方式のバルブメカニズム〔日本ピストンリング(株)〕

各方式の動力は，エンジンのクランク軸からタイミングギヤ，タイミングチェーン，タイミングベルトへと伝達され，カム軸が回転する．カム軸が回転すると，タペットの底面に接したカムの凸面が作用して，バルブリフタ（タペット）を押し上げる．バルブリフタが押し上げられると，バルブリフタの上面で接しているプッシュロッドが押し上げられる．プッシュロッドの上端はロッカアームの一端と接し，他端がバルブステムを押し，バルブを下げて開く構造となっている．

（**2**）**タイミングギヤとタイミングチェーン**　バルブの開閉とクランク軸の回転との関係を正しく保たせるバルブタイミングを行う装置には，次の 2 つの形式がある．

　① タイミングギヤ（timing gear）によるもの．
　② タイミングチェーン（timing chain）とスプロケット（sprocket）によるもの．

（3） **カム軸** カム軸（**カムシャフト**：camshaft）は，カムを取り付ける軸で，バルブの開閉を行う．

図 6·19 は，カム軸の概略を示したもので，軸上のカムは，吸気バルブ・排気バルブの数と同数あり，点火順序に従ってカム部の位置が決められている．

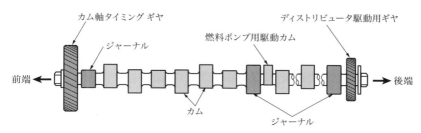

図 6·19　カム軸（カムシャフト）

カム軸の回転は，4 サイクルエンジンでは 4 つの行程で，クランク軸が 2 回転する間にバルブが 1 回開閉する．カム軸の回転数はクランク軸の回転数の 1/2 となる．

カム軸は，クランク軸と平行にシリンダブロックに設けられている数個の軸受によって支えられ，クランク軸とカム軸に固定された大小一対のタイミングギヤ，あるいはタイミングチェーンによって回転する．

（4） **カム** カム軸には，吸気バルブ・排気バルブと同じ数の偏心した**カム**（cam）が取り付けられ，バルブの開閉を行う．カムの外形は，図 6·20 に示すような卵形で，カムの回転中心からの長さを半径とする基礎円の円周の一部に三角形の突起が設けてある．カムの上部にタペットが乗り，カムが回転すると突起部の高さだけタペットは押し上げられ，バルブは開かれる．タペットが押し上げられる位置が最も高くなる点を**カムリフト**（cam lift：揚程）という．

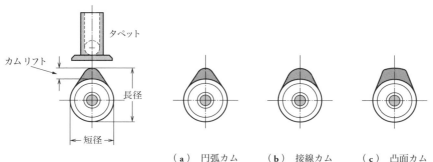

図 6·20　カム

カムの形状は，円弧とこれに接する直線や曲線を組み合わせたもので，その用途に応じて図 6・20 に示す円弧カム，接線カム，凸面カムなどが用いられる．

（5）**バルブ** 混合気や空気をシリンダに吸入したり，外部に排出させるための弁を**バルブ**（valve）という．エンジンは，吸入バルブと排気バルブの一組のバルブを備えている．このバルブは，きのこの形をした**ポペットバルブ**（poppet valve）が用いられる．図 6・21 にバルブとバルブの組立て状態を示す．

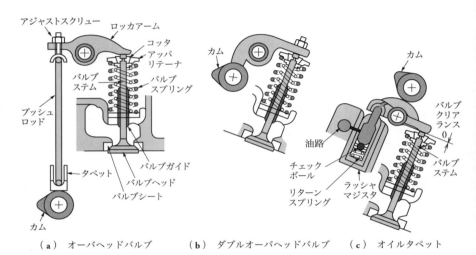

（a）オーバヘッドバルブ　　（b）ダブルオーバヘッドバルブ　　（c）オイルタペット

図 6・21　バルブとバルブの組立て状態

バルブは，**バルブヘッド**（valve head）と棒状の**バルブステム**（valve stem）の各部分からなっている．バルブヘッドは，シリンダヘッドのバルブシート（弁座：valve seat）に密着するように円すいに機械加工されている．バルブステムは，バルブガイド（valve guide）にはめ込まれ，バルブが上下運動を行うよう案内している．バルブの材料には，一般にニッケルクロム鋼，シルクロム鋼，タングステン鋼などのような耐熱材料が使用されている．

（6）**バルブスプリング** バルブスプリング（valve spring）は，弾力によってバルブを開閉させている．エンジンの運転中は，1 分間に 2000 回以上も伸縮運動を続けるので，金属の疲労に強く，長い時間一定の弾力を保つことが必要で，一般にピアノ線をコイル状に巻いてつくられる．エンジンによっては，1 本の弁に対して，外径の異なるバルブスプリングを 2 重にして用いるものもある．

（7）**プッシュロッド** プッシュロッド（push rod）は，鋼製の中空の棒で，下端は球状につくられ，タペットの上下運動をロッカアームに伝える．

(8) **ロッカアーム** ロッカアーム（rocker arm）は，中央部にロッカアームシャフトが通り，一端がプッシュロッドで押し上げられると，他端はバルブステムを押し下げ，バルブを開く．ロッカアームとプッシュロッドの接触部にバルブクリアランスを調整するアジャストスクリュー（止めナット付き調整ねじ）がねじ込まれている．

 (9) **タペット** カム軸の回転運動を上下運動に変えて，バルブの開閉作用を行う装置をタペット（tappet）またはバルブリフタ（valve lifter）と呼ぶ．タペットは，図 6·21（a）に示すように筒形で，表面は精密な研磨仕上げの後，金属の表面を硬くする肌焼き処理がなされ，耐摩耗性が与えられている．

 タペットには，筒形タペットとローラタペットが一般に使われている．そのほかに，次のようなタペットもある．

 ① **オイルタペット** 図 6·21（c）のように，バルブクリアランスのあるバルブ機構では，エンジンの運転中に騒音を発し，バルブステム上部の摩耗または損傷を起こすことがある．これを防ぐため，油圧を利用してバルブクリアランスをなくし，バルブステムの熱膨脹を自動的に調整するタペットがある．油圧を利用しているので**ハイドロリックバルブリフタ**，または単に**オイルタペット**あるいは**油圧タペット**と呼ばれている．

 ② **オフセットタペット** カムの当たり面とタペットの中心を少し（約 0.5 mm）ずらすことで，作動中にカムが回転し，偏摩耗を防ぐことができる．

 (10) **可変バルブタイミング機構** バルブの開閉時期は，吸入する混合気の充てん効率や排気ガスの排出に影響し，エンジンの性能を左右する．そのため，可変バルブタイミング機構を用いて，エンジンの性能の向上を図っている．一般に，吸気カムを作動さ

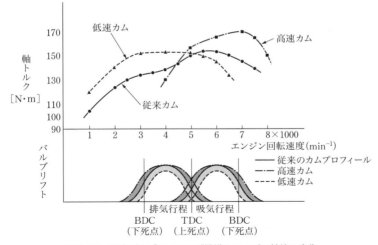

図 6·22 可変バルブタイミング機構とエンジン性能の変化

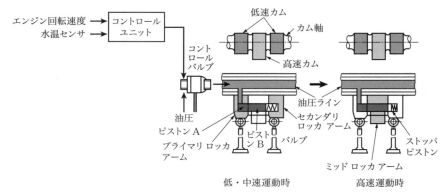

① 3カム式

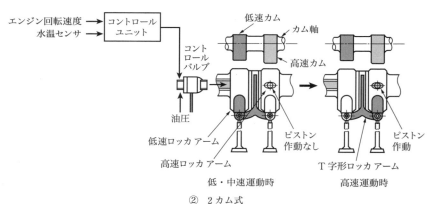

② 2カム式

（a）カムプロフィール切替え方式

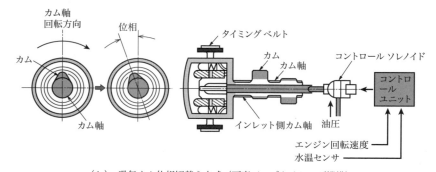

（b）吸気カム位相切替え方式（可変バルブタイミング機構）

図 6・23　可変バルブタイミング機構の例

せている．図 6·22 のように，エンジンの回転速度に応じ，バルブの開閉に時期を可変にすれば，低速から高速運転まで高い充てん効率を保持でき，広い領域で軸トルクの向上を図ることができる．

可変バルブタイミング機構は，カムプロフィール切替え方式と，吸気カム位相切替え方式に大別できる．このほか，連続可変作動角・リフト式など新しい機構も開発されている．

① **カムプロフィール切替え方式** 図 6·23（a）のように，高速回転時に最適なタイミングとなる高速カムと低・中速回転時に最適なタイミングとなる低速カムを DOHC 型エンジンの吸入側と排気側のカム軸にそれぞれ設け，運転条件に応じて電子制御と油圧の機構の組合わせにより切り替える方式である．三つのカムを用いた 3 カム式と，2 つのカムを用いた 2 カム式がある．

② **吸気カム位相切替え方式** 図 6·23（b）のように，可変バルブタイミング機構を内蔵したカム軸タイミングベルトを吸入側のカム軸前部に設け，バルブの作動角は一定にしてカムの位相を変え，吸入バルブの開閉時期を，コントロールバルブの油圧の調整により切り替える方式である．

6·3　吸気システム

空気は，エアクリーナで清浄化され，吸気マニホールドを経てシリンダに供給される．キャブレター（気化器）で空気と燃料の混合気が生成されるキャブレター方式と，

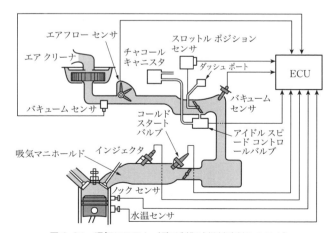

図 6·24　吸気システム（電子制御式燃料噴射システム）

マニホールドに燃料を噴射し混合気を生成させる燃料噴射方式がある．図 6・24 に燃料噴射方式の吸気システムの例をあげる．

1. エアクリーナ

エアクリーナ（air cleaner）は，キャブレターの空気取入れ口に取り付けられ，ほこり・ごみ・砂などの不純物を除去する役目を担う．図 6・25 に示すように，ろ紙式とオイルバス式がある．

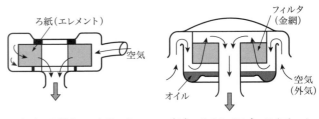

（a）ろ紙式エアクリーナ　　（b）オイルバス式エアクリーナ

図 6・25　エアクリーナ

2. 吸気マニホールド

吸気マニホールド（intake manifold）は，キャブレターでつくられた混合気をシリンダに導く鋳鉄製の管である．多シリンダエンジンでは，各シリンダに均一に混合気が分配するために，シリンダ数に応じて先端が分けられ，内面を滑らかにして，混合気が流れるときの抵抗を少なくしている．

6・4　燃料供給システム

燃料は燃料タンクに蓄えられ，キャブレターやインジェクタからの噴射で混合気が生成され，シリンダに供給される．図 6・26 に燃料供給システムの概要を示す．

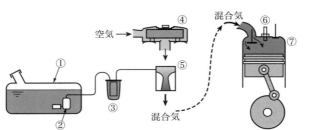

① 燃料タンク
② 燃料ポンプ
③ 燃料フィルタ
④ エアクリーナ
⑤ キャブレター
⑥ 点火プラグ
⑦ シリンダ

図 6・26　燃料供給システム

1. 燃料の供給方式

燃料をシリンダに供給する方式には，図 6·27(a)に示すキャブレター方式と同図(b)に示す電子制御式燃料噴射方式がある．

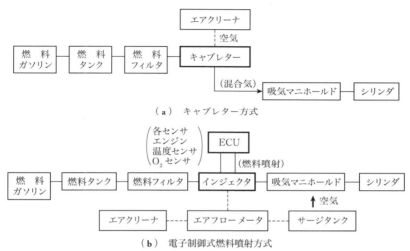

図 6·27　ガソリンエンジンの燃料供給システム

2. 燃料フィルタ

燃料は，燃料フィルタ (fuel filter) ケース内のろ紙により，ごみなどをろ過し，燃料ポンプに送られる．

3. 燃料ポンプ

燃料ポンプ (fuel pump) は，燃料タンクからガソリンを吸い上げてキャブレターに送る装置である．エンジンのカム軸の燃料ポンプ用カムによりダイヤフラム (diaphragm) を作動させる機械式燃料ポンプと電気式燃料ポンプがある．

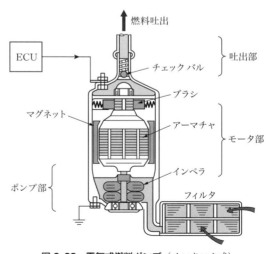

図 6·28　電気式燃料ポンプ（インタンク式）

電気式燃料ポンプは，電動式モータでインペラを回し，燃料をタンクから吸い上げて，燃料フィルタに送る．機械式燃料ポンプと比べて，取り付ける場所が自由という長所をもつ．また，ポンプを燃料タンク内に取り付ける**インタンク式燃料ポンプ**（図6・28）もある．

4. キャブレター

キャブレター（carburetor：気化器）は，霧吹きの原理を応用してガソリンを霧化し，エンジンの運転状態に最適な割合に空気と混合して混合気をつくり，シリンダ内に供給する役目を担う．

（1） キャブレターの種類 ガソリンエンジンのキャブレターには，機械式（メカニカルキャブレター）と電子制御式（エレクトロキャブレター）とがある．機械式キャブレターは，キャブレター内を流れる空気の方向によって，次のように分類される．

① **横向き通風型**（ホリゾンタルタイプ）

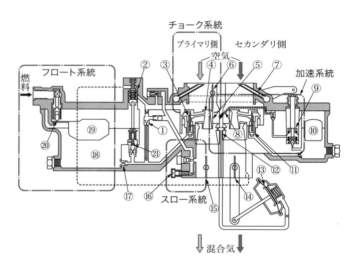

①	スロージェット	⑫	バキュームポート
②	バキュームピストン（真空ピストン）	⑬	ダイヤフラム
③,⑪	メーンエアブリード	⑭	セカンダリスロットルバルブ
④	メーンノズル	⑮	プライマリスロットルバルブ
⑤	ベンチュリ	⑯	アイドル調整ねじ
⑥	チョークバルブ	⑰	メーンジェット
⑦	エアベントチューブ	⑱	フロートチャンバ
⑧	加速ノズル	⑲	フロート
⑨	加速ポンプ	⑳	ニードルバルブ
⑩	フロート	㉑	パワーバルブ

図6・29　2バレルキャブレターの構造と系統

② 下向き通風型（ダウンドラフトタイプ）

①の形式は，小型エンジンに多く用いられ，その他大部分のエンジンには②の形式が用いられる．

自動車エンジン用としては**ストロンバーグ形キャブレター**が，二輪車エンジン用としては**アマル型キャブレター**が知られている．

以下にストロンバーグ形2バレルメカニカルキャブレターの構成と作動について説明する（図6・29）．

（2）　キャブレターの構成　キャブレターは，広範囲なエンジンの回転速度に適合する混合気をつくるため，プライマリ（1次側）とセカンダリ（2次側）と2つのバレル（筒）に分けられ，フロートチャンバ，ノズル，ジェット，ベンチュリ管と，チョークバルブ（空気弁），スロットルバルブ（絞り弁）の2つの弁から構成されている．

（a）　フロートチャンバ　フロートチャンバ（float chamber）は，フロート室内のガソリンの中に，軽い金属製あるいは合成樹脂製の中空のフロート（浮き子）を浮かべ，燃料の流入を調整するものである．

（b）　ノズルとジェット　ノズル（nozzle）は，ベンチュリ管でガソリンを流出させる口で，フロート室のガソリンの規定液面よりわずかに高いところに位置する．このノズルをふつう**メーンノズル**（main nozzle）という．ジェット（jet）は，ガソリンが流れる通路の途中にあって，一定の直径の穴があけられ，ガソリンの流量を調整する．メーンジェットとスロージェットがある．

（c）　チョークバルブ　チョークバルブ（choke valve：**空気弁**）は，キャブレターに流入する空気の流量を加減するバルブで，ベンチュリ管の入口側に取り付けられている．

（d）　スロットルバルブ　スロットルバルブ（throttle valve：**絞り弁**）は，エンジンの運転状態に応じて，シリンダ内に供給される混合気の量を加減するバルブで，ベンチュリ管の出口側に取り付けられ，運転席のアクセルペダル（accelerator pedal）と連動する．

（3）　キャブレターの作動　キャブレターの作動を系統別に説明する．

（a）　フロート系統　フロートを支えるフロートレバーの一端に，針のように先が細くなったニードルバルブ（針弁：needle valve）を備え，ガソリンの液面が規定の高さ以上になると，フロートの浮力でニードルバルブが取入口を閉じて，ガソリンの流入を止め，液面を一定に保つ．底部にガソリンの流量を計量するメーンジェットがあり，管でメーンノズルに続いている．

（b）　スロー系統　エンジンが低速運転の状態で作動する系統である．チョークバルブは開いているが，スロットルバルブはほとんど閉じられているので，ベンチュリ管を

流れる空気の流速が遅く，圧力低下が小さく，メーンノズルからガソリンは吸い出されない．管壁に小さいバイパスポートを設け，スロットルバルブのすきまを通る空気の圧力降下による吸込み負圧を利用して，ガソリンを吸い出し，エンジンの回転が停止しない低速空運転（**アイドリング：idling**）の状態を保つようになっている．

（c） **メーン系統（高速系統）** エンジンが経済運転および高速運転の状態で，チョークバルブは全開にして，スロットルバルブは 1/3 から 1/2 くらい開いているときに作動する系統である．

（d） **加速系統** 低速回転から急速に加速するとき，多量のガソリンを噴射する系統である．ペダルを急に踏み込んで，スロットルバルブを急速に開くと同時に，これと連動して加速ポンプが作動し，加速に必要な多量の濃い混合気を一時的に供給する．

（e） **パワー系統** エンジンが最大出力を必要とする場合，1：12〜13 の濃厚な混合気を多量に供給する系統で，機械式と負圧式の 2 種類がある．機械式では，加速ポンプの底部にパワージェットバルブが設けられている．スロットルバルブが開くと，加速ポンプのピストンが下がり，ガソリンはパワージェットで計量されて，高速系統のガソリンといっしょにメーンノズルから噴出する．

（f） **始動系統** エンジンを始動時には濃い混合気が必要である．また，寒冷時の始動ではガソリンが気化しにくく，点火まで時間がかかる．そこで，プライマリ側のスロットルバルブの上部にチョークバルブを取り付け，自動的に混合気を少し濃くする．

（4） **アマル型キャブレターの作動** 通常，図 6・30 に示すように，スプリング力によりニードルバルブは閉じられている．エンジンの回転を加速するため，グリップを回

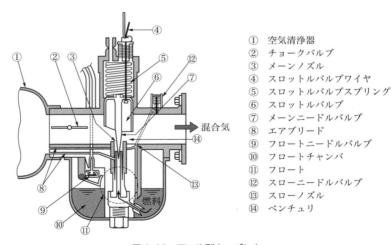

① 空気清浄器
② チョークバルブ
③ メーンノズル
④ スロットルバルブワイヤ
⑤ スロットルバルブスプリング
⑥ スロットルバルブ
⑦ メーンニードルバルブ
⑧ エアブリード
⑨ フロートニードルバルブ
⑩ フロートチャンバ
⑪ フロート
⑫ スローニードルバルブ
⑬ スローノズル
⑭ ベンチュリ

図 6・30　アマル型キャブレター

すと，ニードルバルブは引き上げられ，メーンノズルから燃料がベンチュリ部に流れ，混合ガスがつくられる．

6・5 潤滑システム

1. 潤滑の目的

エンジンが回転すると，各接触部に摩擦が起こり，摩耗が発生する．この摩擦部分に潤滑油を与えて油膜をつくり，金属の直接接触を少なくするために**潤滑**（lubrication）を行う．多量のオイルを各摩擦部に循環させることで，摩擦熱や燃焼によって生じる熱の一部を冷却し，また摩耗によってできた細かい金属粉を洗い流すことも潤滑油の役割である．

2. 潤滑システム

（1）**エンジンの潤滑** エンジンのクランク軸，コンロッド，カム軸などのベアリング，シリンダ壁とピストンリング，ピストンピン，バルブメカニズム，タイミングギヤなど，接触する部分の磨耗などを軽減するため，図6・31に示すような潤滑システムがある．

（2）**潤滑方法** 潤滑装置には，潤滑の方法によって，次の3種類がある．

① **はねかけ式** クランク室のオイルをクランクですくい上げ，シリンダ壁や各ベアリングにはねかける方式．

② **圧送式** オイルポンプによりオイルに圧力をかけて各摩擦部に送る方式．

③ **圧送・はねかけ式** はねかけ式と圧送式を併用した潤滑方式で，多くのエンジンに用いられている．

このうち，圧送式潤滑

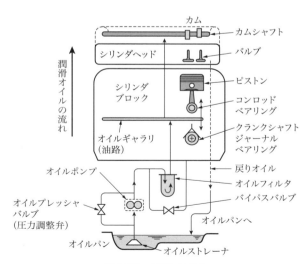

図6・31 潤滑システム

装置の構造・機能について説明する．

3. 圧送式潤滑装置

エンジンオイルを圧送するオイルポンプと，これに油圧を一定以内に調整するオイルプレッシャゲージ（油圧調整装置）や，オイルの中に含まれるごみや金属くずなどを除去するためのオイルストレーナ（オイルろ過器），オイルの温度を一定に保つためのオイル油温度調節装置，そのほかオイルを満たすオイルパンなどの各装置からなる．

オイルのろ過方式には，全流ろ過式，分流ろ過式，併用式がある．ここでは，図 **6・32** に示す**全流ろ過式**の例で各装置を説明する．

（1）オイルポンプ オイルポンプ（oil pump）は，カム軸に設けられたオイルポンプ駆動用ギヤ，またはカムによって駆動され，各摩擦部へ送るオイルに加圧する．一般に，トロコイドポンプ，ギヤポンプ，ベーンポンプが用いられる．

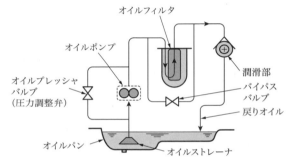

図 6・32 全流ろ過式

（2）オイルフィルタ オイルパンの中に設けられたストレーナで，ごみや金属粉などの異物を取る．さらに，オイルポンプから送られるオイルをオイルフィルタ（oil filter）に送り，フィルタ内のエレメント（ろ過材）に通して清浄する．

（3）オイルクーラ オイルは温度が高くなると粘り（粘性）が少なくなり，潤滑の効果が低下する．これを防ぐために，オイルクーラを外部に備え，オイルと外気を交差させ，オイルを冷却する．

（4）その他 オイルの量を検査するオイルレベルゲージ（oil level gauge），オイルプレッシャゲージ（oil pressure rgauge）などがある．

4. 潤滑油

オイルには，一般機械用オイルや内燃機関用オイルなどがあり，一般に石油から精製されたものが多い．内燃機関には，主にエンジンオイル，ギヤオイル，グリースなどが使われる．

（1）オイルの作用 エンジンのオイルは，主に次のような作用を行う．

①　**減摩作用**　シリンダとピストンリングなど回転部分やしゅう（摺）動部分に油膜をつくり，金属の直接接触を避け，抵抗を少なくして摩耗を防ぐ．

②　**冷却作用**　ピストンなど，燃焼ガスで熱せられた部分から熱を取り去り，過熱を防ぐ．

③　**密封作用**　シリンダ内に油膜をつくり，燃焼ガスやオイルの漏れを防ぐ．

④　**防錆作用**　油膜をつくり，空気との接触を避け，金属の錆びを防ぐ．

⑤　**清浄作用**　燃焼により生じたカーボンなどを洗い流し，エンジン内部を清浄に保つ．

⑥　**緩衝作用**　金属の接触部分に油膜をつくり，接触時の衝撃を和らげる．

（**2**）　**オイルの性質**　オイルは，次のような性質を備える必要がある．

①　粘度が適度で，温度による粘度の変化が小さいこと．

②　油性がよいこと．

③　引火点が高く，気化しにくいこと．

④　酸化したオイルを中和し，腐食を防ぐこと．

⑤　熱伝導率がよく，凝固点（液体から固体に変わる温度）が低いこと．

⑥　清浄性がよいこと．

（**3**）　**基本性状**　オイルには，次のような基本性状がある．

（**a**）　**粘度**（viscosity）　オイルの流動性の程度を表すもので，どろりとしているものを**粘度が高い**という．

（**b**）　**粘度指数**　エンジンオイルは，温度により粘度が変化する．この変化する割合を粘度指数といい，粘度指数の高いものほど温度の変化ににによる粘度の変化が小さい．粘度を測定するには，ふつうセイボルト粘度計とレッドウッド粘度計が用いられる．セイボルト粘度計は，オイルを容器に入れて，一定温度でオイルが $60 \ \mathrm{cm}^3$ 流出する秒数で粘度を表し，レッドウッド粘度計は，$50 \ \mathrm{cm}^3$ 流出する秒数で粘度を表す．

（**c**）　**油性**（oiliness）　油膜をつくる力の強弱，金属の吸着性などの性質をいう．

5.　オイルの性能規格

エンジンオイルの性能規格として，従来から使われている SAE 分類と API サービス分類がある．このほか，国内では JASO 規格も使われている．

（**1**）　**エンジンオイルの SAE 粘度分類**　一般にオイルは，粘度によって規格が決められている．表 **6·3** に，アメリカの SAE（Society of American Automotive Engineers：アメリカ自動車技術者協会）分類を示す．頭文字をとって，"SAE 30 番"などと表し，この番号の数字が大きいものほど粘度が高い．番号の次の "W" は，冬季用を表す．使用条件を定めているものを**シングルグレードオイル**といい，使用条件を定

088 **6章** ガソリンエンジン

表6·3 ガソリンオイルの SAE 粘度分類と適用温度範囲

グレード	SAE 番号	適用時期	適用温度範囲 [℃]
シングルグレードオイル	SAE 5 W / SAE 10 W	寒冷地用	−30〜−10 / −20〜15
	SAE 20 W / SAE 20	冬期用	−10〜25 / 0〜30
	SAE 30	一般用	5〜40
	SAE 40	夏季用	10〜45
マルチグレードオイル	SAE 10 W-30 / SAE 20 W-40	オールシーズン用	−25〜40 / −10〜50

〔備考〕 SAE 粘度番号の見かた
1. 粘度番号が少ないほどエンジンオイルの粘度は低い（寒冷地用に適している）.
2. W は winter の頭文字で，とくに寒冷地用を示し，−20℃時の粘度を表す．そのほかは 100℃における粘度を示す.
3. SAE 10 W-30 とは，−20℃で SAE 10 W の規格にあり，100℃では SAE 30 の規格に適合したエンジンオイルである.

表6·4 エンジンオイルの API サービス分類

油類	分類	適用と性能
ガソリンエンジン用	SA, SB, SC, SD, SE, SF, SG, SH	1996 年以前のエンジン用
	SJ	2001 年以前のエンジン用
	SL	2004 年以前のエンジン用．SJ の最低性能基準を上回る性能を有し，高温時におけるオイルの耐久性能・清浄性能・酸化安定性を向上し，きびしいオイルの揮発試験に合格した環境対策規格のオイル.
	SM	SL の規格より省燃費性能の向上，有害な排気ガスの低減，エンジンオイルの耐久性を向上させた環境対策用オイル．現在，すべてのガソリンエンジンに使用できる.
	SN	SM 規格よりも，省燃費性能，オイル耐久性，触媒システム保護性能の改善が求められる．触媒システム保護性能の改善は，触媒に悪影響を与えるリンの蒸発を 20% までに抑制することが求められる.
ディーゼルエンジン用	CA, CB, CC, CD, CD-II, CE	1987 年以前のエンジン用
	CF	1994 年に導入．オフロード車・直噴以外のエンジン，硫黄 0.5 重量% 以上の燃料との併用を含むその他のディーゼルエンジン向け．CD オイルの代替オイルとして使用できる.
	CF-2	1994 年に導入．2 ストロークエンジン用オイル，CD-II オイルの代替オイルとして使用できる.
	CF-4	1990 年に導入．高速・4 ストロークエンジン・自然吸気およびターボ付きエンジン用．CD および CE オイルの代替オイルとして使用できる.

めず広く用いられるものを**マルチグレードオイル**という．たとえば "SAE 20W-40番" は，低温時には "SAE 20W番" の性能を，高速・高負荷・高温時には，"SAE 40番" の性能を発揮し，広い範囲の条件に使用される．

（**2**）　**エンジンオイルの API サービス分類**　API（American Petroleam Institute：アメリカ石油協会）が規格している性能と用途による分類も使われる（表 **6·4**）．S はサービス，C はコマーシャルの頭文字の略で，アルファベットは，開発の順序を表す．オイルの性能は，つねに研究され，向上している．

（**3**）　**JASO 規格**　国内の自動車用オイルの規格として，（一社）日本自動車工業会（JAMA）の要請により，（公社）自動車技術会が JASO 規格を制定した（表 **6·5**）．このうち，ディーゼルエンジン用オイルの規格は，大気汚染防止が問題化する中で，PM（粒子状物質）除去装置（酸化触媒や DPF）の導入に合わせて制定されたものである．

表 **6·5**　**JASO 規格の概要**

油類		分類	適用と性能
エンジン用	ディーゼル	DH－1	2001 年 4 月導入．DPF を装着した大型自動車車両の 4 ストロークディーゼルエンジン向けのオイルとして開発．
		DH－2	2005 年 10 月より導入．DH－1 で要求されているエンジンの清浄性，摩耗防止性に加え，DPF の詰まりの原因となる燃料残渣物（灰分）と触媒性能を損なう懸念のある成分の低減などが求められているオイル．

6·6　冷却システム

1.　エンジンの冷却

エンジン運転中のシリンダ内の燃焼温度は，約 800°C にも達する．エンジンのオーバヒート（over heat）を防ぐために，シリンダ，シリンダヘッド，ピストンなどの高熱部を冷却する必要がある．冷却装置には，一般に空冷式，水冷式が多く用いられる．そのほか，冷却水が蒸発するときに熱を奪うことを利用した蒸気冷却式や，エチレングリコールと水の混合液を用いて冷却する液冷式がある．運転時の温度は，冷却水出口でおおよそ 80 ～ 85°C 前後が適している．

2.　水冷式冷却装置

水冷式冷却装置は，シリンダと燃焼室の外側に中空のウォータジャケットを設け，冷却水を通して熱を吸収させる．熱を吸収した冷却水は，ウォータポンプでラジエータ（放

6章 ガソリンエンジン

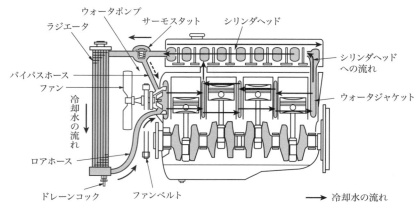

図 6・33 冷却装置

熱器）に送られ，熱を外気に逃がし，再びウォータジャケットに送られる．このほか，ラジエータの通風を助けるファンや，冷却水の温度を調節するサーモスタットなどが設けられている．図 6・33 は，自動車用エンジンの水冷式冷却装置を示したもので，冷却水は矢印の方向に循環している．

（1）**ウォータポンプ** ウォータポンプ（water pomp）は，冷却水を循環させるポンプである．図 6・34 に示すように，シリンダブロックに取り付けられ，クランク軸から V ベルトによって回される．

ウォータポンプには，4～6枚くらいの羽根（インペラ）をもつ**渦巻きポンプ**（centrifugal pump）が多く用いられ，羽根車の回転軸受に

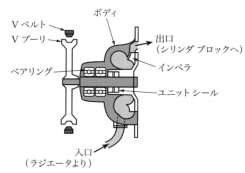

図 6・34 ウォータポンプの構造

は，水漏れを防ぐため，シールユニットが使われている．また，電子制御式サーモスタットと連動する電動式ウォータポンプも使われている．

（2）**ラジエータ** ラジエータ（放熱器：radiator）は，熱を吸収した冷却水を冷却する装置である．図 6・35 に示すように，ウォータジャケットから送られた高温の冷却水が入るアッパウォータタンク（上水タンク），管に空気を当てて熱を空気中に放出するラジエータ，およびロアウォータタンク（下水タンク）の三つの部分から構成されている．

冷却水の注水口には，加圧形のラジエータキャップが用いられる．底部には，ドレー

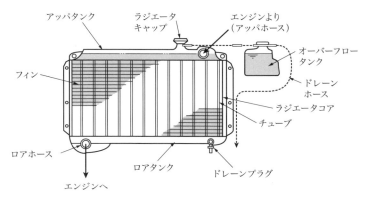

図6·35　ラジエータ

ンコック（排水コック）が付いている．

　放熱管は，上下のタンクを管（チューブ）でつなぎ，空気に触れる放熱面積を大きくするために，プレートフィンタイプやハニカムフィンタイプなどのが使われ，多くはアルミニウム合金でつくられている．

　(a)　**ラジエータキャップ**　図6·36のように，加圧形のキャップには，プレッシャバルブ（加圧弁）とバキュームバルブ（負圧弁）が設けられている．冷却系統に50〜90 kPaとなるように設定され，ラジエータ内部の圧力が規定の圧力（ふつう3 kPa）より高くなると，プレッシャバルブが開き，逆に，冷却水が冷えて圧力が大気圧よりも低くなると，バキュームバルブが開いて外気が流入し，内部が負圧になるのを防止するようになっている．

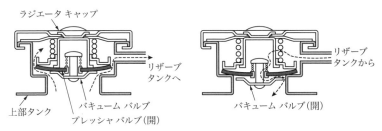

図6·36　ラジエータキャップの作動

　(b)　**サーモスタット**　エンジンの最適な温度は，冷却水出口温度で，80〜85℃前後である．そのため冷却水の温度変化を調節し，一定の温度に保つ必要がある．冷

却水の循環を調節する装置として，**サーモスタット** (thermostat) が用いられる．古くは，バイメタル式，ベローズ式が用いられたが，現在は，主にワックスペレット型が用いられる．

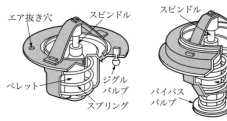

（a）標準型　　（b）バイパスバルブ付き

図 6・37　ワックスペレット型サーモスタット

ワックスペレット型サーモスタットは，図 6・37 のように，円筒状のケース内にワックスと合成ゴムを封入したもので，温度変化によってワックスが膨脹・収縮する性質を利用するものである．

① 冷却水温が低いときは，ペレット内のワックスは収縮し，スプリングの張力によって，バルブは閉じられている．

② 冷却水温が上昇すると，ペレット内のワックスが膨脹し，合成ゴムを圧縮し始める．圧縮された合成ゴムはスピンドルを押し出す．スピンドルの端部はケースに固定されているため，スプリングの反力に打ち勝ってバルブを開く．

この型式には，始動直後など，サーモスタットが閉じている間にシリンダブロック内に生じたエアを抜き，空気の滞留がないときはエア抜き穴を閉じておくジグルバルブ付きのものがある．

（3）**電動ファン**　ラジエータの前を通過する空気をファンで強制通風する．エンジンの始動直後の過冷却を防ぎ，最適な冷却温度になるように，電動ファンと水温センサを組み合わせる方法が用いられている．

（4）**冷却水と不凍液**　冷却水には，不純物の少ない軟水を用いる．寒冷時，冷却水の凍結によるシリンダブロックや冷却系の破損を防ぐために，エチレングリコールなどの不凍液（**アンチフリーズ**：anti-freezing solution）を冷却水に入れ，氷結温度を下げる．不凍液の効果をもつエチレングリコールに防錆・防食剤と凍結防止剤を入れた **LLC**（long life coolant）が用いらる．

3. 空冷式冷却装置

空冷式（air cooling）は，図 6・38 のように外周に**冷却フィン**（fin）を取り付けて，エンジンに空気を当てて冷却する．エンジンの重量を軽減できるので，オートバイな

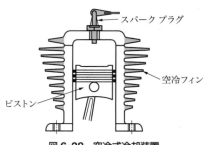

図 6・38　空冷式冷却装置

どのエンジンに用いられている．水冷式と比較して構造が簡単で，水漏れ・凍結などによる故障が少ない利点がある．シリンダや燃焼室の熱は，冷却フィンの表面に伝導し，空気中に放熱される．そのため，冷却フィンは，表面積を大きくし，最大の放熱ができる形状につくられている．

6・7　排気システム

排気装置は，図6・39のように，エンジンから排出されたガスを排気マニホールドに集合させ，さらに，ガスを1本の管に集めて導く排気パイプ，排気ガスの騒音を消して大気中に放出するマフラ（消音器）などからなっている．

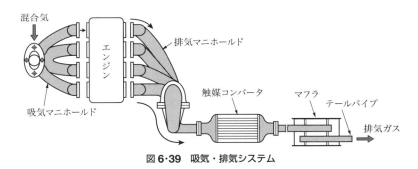

図6・39　吸気・排気システム

1.　排気マニホールドと排気パイプ

排気マニホールド（exhaust manifold）は，吸気マニホールドと同じような構造である．材料は，一般に可鍛鋳鉄が用いられる．排気パイプは，前端を排気マニホールドに，後端をマフラに連結した鋼鉄製の管からつくられている．また，排気パイプの途中には，排気ガスを清浄化する触媒装置なども取り付けられる．

2.　マフラ

排気行程によって燃焼室から出てくる排気ガスは圧力が高く，排

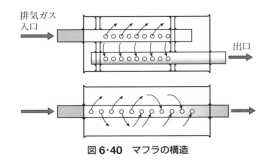

図6・40　マフラの構造

気パイプから直接大気中に放出すると，急激にガスが膨張して大きな音を出す．これを防ぐために，排気ガスを滑らかな気体の流れにして，大気中に吐き出す装置を**マフラ**（muffler）という（図 6・40）．マフラは，背圧が少なくなるよう工夫されている．

3. 排気ガスの利用

排気ガスは，高温・高圧で熱エネルギーをもっている．このエネルギーをエンジンの外に排出する前に排気タービンを回転させ，同軸にある圧縮ホイールで吸入空気を圧縮してシリンダ内に押し込むものが**過給機**である．はじめに航空機用エンジンに，その後，船舶用，産業用エンジンに利用され，現在，自動車用エンジンにおいても，排気タービン駆動の過給機が多く使用されている．

6・8 点火システム

ガソリンエンジンは，図 6・41 のように，混合気に電気火花を飛ばして点火する点火装置を備えている．点火装置は，10000 ボルト［V］以上の高圧電流を起こして点火（スパーク）プラグに送り，その先端にある 2 つの電極のすきまに強力な火花を飛ばす．これを**高圧電気火花点火法**と呼ぶ．

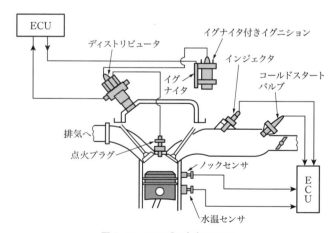

図 6・41　エンジン点火システム

高圧電気火花点火法には，高圧電気をつくる電源としてバッテリを用いるバッテリ点火法と，マグネトー（magneto：磁石発電機）を用いる高圧マグネトー点火法がある．

1. バッテリ点火

図 6・42 に示すように,バッテリから流れる低圧電流をコンタクトブレーカで遮断し,イグニッションコイルで高圧電流を誘起させる.この高圧電流をディストリビュータにより,点火順序に従い各シリンダの点火プラグに送り,電気火花を飛ばして混合気に点火する.

電源のバッテリから流れる低圧電流（6〜12 V）は,点火コイルの1次コイルを通ってコンタクトブレーカの接点に流れる.これを1次回路という.また,点火コイルの2次コイルは,高圧電線によってディストリビュータに接続し,各シリンダの点火プラグに接続している.これを2次回路という.

コンタクトブレーカのカムが回転して接点が開くと,1次回路の電流が急激に遮断され,その瞬間に,点火コイルの2次コイルに高圧電流（1000 V 以上）が誘起される.この高圧電流は,ディストリビュータに流れ,**ロータ**（rotor：配電子）の回転によって各シリンダの点火プラグに送られ,電気火花を発生させる.

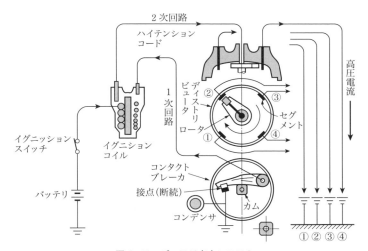

図 6・42　バッテリ点火システム

2. 高圧マグネトー点火

図 6・43 に示すように,1次コイルと2次コイルを巻いたアーマチュア（armature）を,永久磁石の両極間に入れて回転させると,1次コイルに交流電流が発生する.この交流電流は,1次コイルの電流をコンタクトブレーカ（contact breaker：断続器）によって遮断すると,2次コイルに高圧電流が誘起される.この高圧電流を,アーマチュアとともに回転するディストリビュータ（配電器）によって,点火する順序で点火プラ

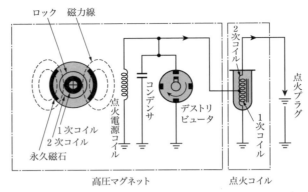

図6・43　高圧マグネトー点火システム

グに送り，電気火花を飛ばして混合気に点火する．

3. イグニッションコイル

イグニッションコイル（ignition coil：**点火コイル**）は，二つのコイルの電磁誘導を利用して，バッテリの低圧電流を高圧電流に変える働きを行う．図6・44に示すように，鉄心の周囲に線の細い2次コイルを約20000回巻き，その上に線の太い1次コイルを約300回巻いたものを合成樹脂製のケースに入れ，高電圧に耐えるようにしてある．1次コイルの低圧端子の一方はバッテリに，他方はコンタクトブレーカに接続され，2次コイルの高圧端子は，ハイテンション　コード（高圧電線）によりディストリビュータに接続されている．

イグニッションコイルの1次電流を遮断するため，トランジスタを用いたディストリビュータが使われている．ディストリビュータシャフトから回転されるシグナルロータとピックアップコイルによって断続するトランジスタ式と，クランク角センサなどを用いてコンピュータでパワートランジスタを制御するマイクロコンピュータ式が使われている．

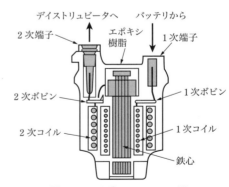

図6・44　イグニッションコイル

4. ディストリビュータ

ディストリビュータ（distributor：配電器）は，点火コイルの2次コイルに誘起さ

れた高圧電流を，各シリンダの点火プラグに，正しい点火順序で分配する装置である．ディストリビュータの構造は，**ロータ**と配電盤とからなっている（図 6・42 参照）．ロータは，カムといっしょに回転し，配電盤の各端子（セグメント）に点火順序に従って高圧電流を配電していく．そこからハイテンションコードによって点火プラグに接続される．

5. コンタクトブレーカ

コンタクトブレーカ（contact breaker：断続器）は，バッテリから流れる 1 次回路の電流を，カムの作用によって接点（contact point）で断続し，点火コイルの 2 次コイルに高圧電流を誘起させる装置である（図 6・42 参照）．

6. 点火プラグ

点火プラグ（スパークプラグ：spark plug）は，先端の両電極の間に火花放電を起こして，シリンダ内の圧縮された混合ガスに点火するはたらきをする．

点火プラグは，図 6・45 に示すように，プラグ本体・絶縁体・電極の 3 つの部分から構成されている．ディストリビュータからの高圧電流が流れる中心電極と接地電極の間に適当な**スパークギャップ**（spark gap：**点火すきま**）を設け，ここに火花を飛ばす．スパークギャップは，約 0.6 〜 0.7 mm である．

エンジンの運転状態に応じて電極部の温度を適切な温度に保つ必要があり，一般に 500 〜 800℃ 程度が適温とされている．エンジンの温度は，高速運転時に高く，低速時には低くなるので，主に高速運転する自動車には放熱しやすい点火プラグを，逆に比較的低速で運転する自動車には放熱しにくい点火プラグを選定する．

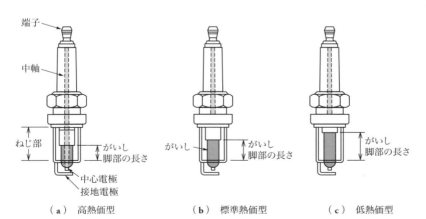

図 6・45　点火プラグの熱価の種類

点火プラグが放熱する度合いは**熱価（ヒートレンジ）**により表される．がいしの脚部の長さにより，標準熱価型を中位にして，放熱しにくく電極部が焼けやすい点火プラグを低熱価型（ホットタイプ：焼け型），放熱しやすく電極部の焼けにくい点火プラグを高熱価型（コールドタイプ：冷え型）という．

7. 点火時期とその調節装置

ガソリンエンジンは，毎分2000～6000回転する．毎分1800回転しているとすれば，毎秒15回の燃焼が行われている．燃焼は上死点付近で行われることが望ましいが，回転数が増すと着火遅れが生じ，上死点を過ぎた位置で燃焼するようになる．このため，エンジンの回転に合わせて上死点以前に点火するため，点火時期を進める進角調整装置が必要となる．これらは，ECUと連動したアクチュエータのエンジン回転速度進角装置により電子制御システム化されている．

6・9　電子制御システム

従来，エンジンは，機械的な構造と操作機構で運転されてきたが，近年，コンピュータの発達により，操作機構に電子制御が導入がされるようになった．燃料供給方式を例

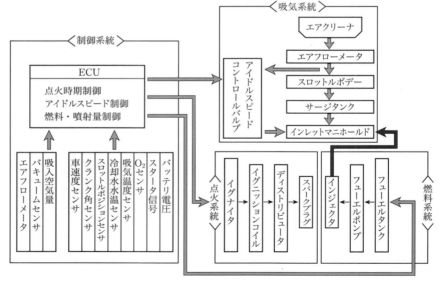

図6・46　エンジンの電子制御システム図

にとれば，機械式キャブレターから，走行条件やエンジンの回転の状況をセンサで検出し，コンピュータで演算して，直接，吸気系統やシリンダに燃料を噴射する電子制御式キャブレターへと全面的に移行しつつある．今後もエンジンの骨格としての機械的な構造は残るが，制御系へ電子技術の導入がますます進むであろう．

図**6·46**にエンジンの電子制御システムを示す．エンジンの運転状態に応じて，制御系統から，吸気系統，燃料系統へ電子信号が送られ，アクチュエータ部分が作動する．同時に，点火系統にも電子信号が送られ，点火・燃焼が開始する．

1. 電子制御システムの系統

① **制御系統** クランク角センサ，O_2センサ，速度センサ，水温センサ，吸気温センサなどが組み込まれ，検出した数値を電気信号に変え，**ECU**（electronic control unit：エレクトロニックコントロールユニット）に送り，演算を行う．

② **吸気系統** スルットルバルブの開度に合わせてエンジンに必要な空気を供給するため，スロットルボデー内にエアフローメータを備え，吸入空気を検出する．

③ **燃料系統** 燃料タンクから吸い上げられた燃料は，燃料フィルタでろ過されたあと，燃料を噴射するインジェクタに送られる．インジェクタには，送られる燃料の圧力が，吸気マニホールドの圧力に対して，つねに約 0.3 MPa だけ高くなるよう，プレッシャレギュレータ（燃料圧力調整機）が付けられている．

④ **点火系統** 制御系統から最適な運転条件が得られるように演算された電気信号を受け，点火プラグに通電し，燃料を燃焼する．

表**6·6** 主なセンサの作動

名称	主な作動
吸気温センサ	エンジンの吸気温度を検知し ECU に送る．
バキュームセンサ	吸入空気の圧力し ECU に送る．．
水温センサ	冷却水の温度を検知し ECU に送る．
エアフローメータ	エンジンの吸入空気量を検知し ECU に送る．
アクセルポジションセンサ	アクセルペダルの踏込み量を検知し ECU に送る．
エンジン回転速度センサ	エンジンの回転速度を検知し ECU に送る．
クランク角センサ	ピストンの上死点位置を検知し ECU に送る．
ノックセンサ	ノッキングによる振動を検知し ECU に送る．
燃料温度センサ	燃料の温度を検知し ECU に送る．
車速センサ	スピードメータドライブギヤから車の速度を検知し ECU に送る．
O_2センサ	排気ガス中の酸素の濃度を検知し ECU に送る．

2. 各装置の作動

制御システムの中心は，運転状態をすばやく検知する**センサ**（sensor）部，それらのデータを電気信号で受け，制御内容を計算して作動の命令をだす ECU，ならびに ECU からの信号を受けて作動する**アクチュエータ**（actuator）部などでシステム化されている．次に各装置の作動について説明する．

（1）センサ 自動車やエンジンの各部に取り付け，回転速度，圧力，温度，空気量，電流値などの値を検知して，ECU に情報として送る．表 6・6 に示すように，使用

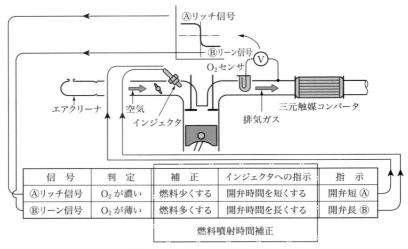

（a）O_2 センサによる補正のしくみ

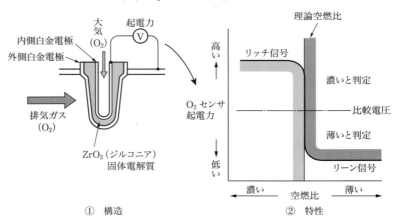

（b）O_2 センサの構造と特性

図 6・47 O_2 センサ

用途によって，センサには，さまざまなものがある．一例として，図 6・47 に O_2 センサの構造と特性をあげる．

（2）**ECU**　各センサで検出されたデータは電気信号で ECU に送られる．CPU（central processing unit：中央処理装置）で，燃料噴射量，点火時期などを演算し，アクチュエータに電気信号で指示を出す．ECU の構成と入出力信号を図 6・48 に示す．

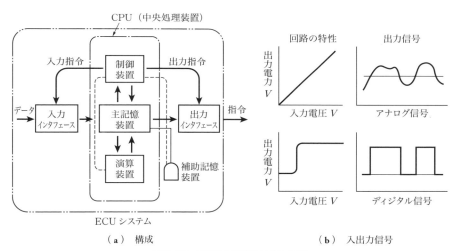

図 6・48　ECU の構成と入出力信号

（3）**アクチュエータ**　ECU からの指示・命令を受けて作動する作動部をいう．アクチュエータには，インジェクタなどがある．

3. 電子制御式燃料噴射システム

電子制御装置を用いて燃料噴射装置を制御するシステムを，電子制御式燃料噴射装置（**EFI**：electronic fuel injection）という．制御系統には，図 6・49 に示すように，吸気系統，燃料系統，電子制御系統，点火系統などがある．

（1）**ポート内燃料噴射システム**　キャブレターを用いず，燃料をエンジンに供給するタイミングをコンピュータで計算し，インジェクタ（図 6・50）から吸気マニホールドに霧状に燃料を噴射するシステムである．この方式を **PFI**（port fuel injection）という．構造が簡単になり，エンジン回転が最適な状態のときに燃料の供給が行われる長所がある．また，エンジンのダウンサイジング（小型化）にも，対応できる方式である．

（2）**シリンダ内燃料噴射システム**　図 6・51 のように，高圧にした燃料を，運転に応じ ECU でタイミングを得て，シリンダ内に約 5～15 MPa の高圧で直接噴射するシ

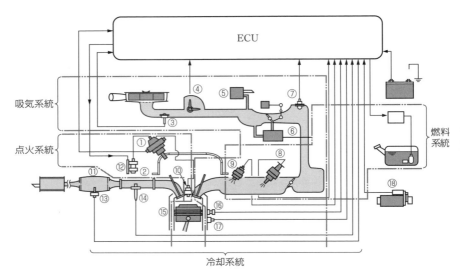

① ディストリビュータ，② イグナイタ付きイグニッション，③ バキュームセンサ，
④ エアフローメータ，⑤ スロットルポジションセンサ，⑥ アイドルスピードコントロールバルブ，
⑦ バキュームセンサ，⑧ コールドスタートバルブ，⑨ インジェクタ，⑩ 点火プラグ，
⑪ 触媒コンバータ，⑫ クランク角センサ，⑬ バキュームセンサ，⑭ O_2 センサ，⑮ シリンダ，
⑯ ノックセンサ，⑰ 水温センサ，⑱ スタータ

図 6・49　電子制御式燃料噴射装置

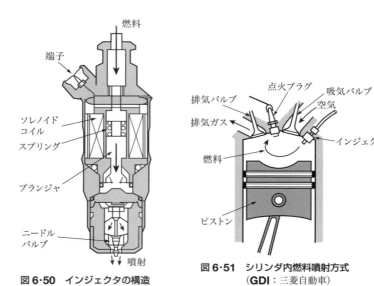

図 6・50　インジェクタの構造　　　図 6・51　シリンダ内燃料噴射方式
　　　　　　　　　　　　　　　　　　　　　（GDI：三菱自動車）

ステムである．運転状態に応じ，成層燃焼（空燃比25～55程度）など，ECUでタイミングのよい時期に噴射されるので，高速回転に適する．

4. 電子制御式点火システム

（1） **トランジスタ式点火システム**　一次電流の切れが悪くなると，二次電圧が不安定になり，燃焼ガスへの着火ミスが発生しやすく，排気ガスの中のCOやHCが増加する要因となる．トランジスタ式点火装置を用い，これを防止する．

図6·52にトランジスタ式点火装置とその原理図をあげる．

（2） **セミトランジスタ式点火システム**　図6·52（a）に示すように，回路中にシグナルロータとトランジスタを組み合わせた点火システムである．シグナルロータの回転からマグネットを通してピックアップコイルに交流信号が発生する．この交流信号により，トランジスタ Tr_2 にベース電流を流し，イグニッションコイルに1次電流を断続する．トランジスタ回路に流れる電気信号は断続され，1次電流が遮断されるとイグニッションコイルの2次コイルに高電圧が発生する．この電圧がディストリビュータで配電され，点火プラグに流れる．

（3） **フルトランジスタ式点火システム**　図6·52（b）に示すように，クランク角センサと**イグナイタ**（igniter：点火器）を組み合わせたものである．クランク角センサからの電気信号をイグナイタの制御回路でデジタル信号に変えて，トランジスタ Tr_2 のベース電流として流し，イグニッションコイルに流れる電流を断続して，2次電流を発生させ，点火プラグに通電する．シグナルロータとピックアップコイル，クランク角センサは，コンタクトポイントのように接点せず，無接点式となる．

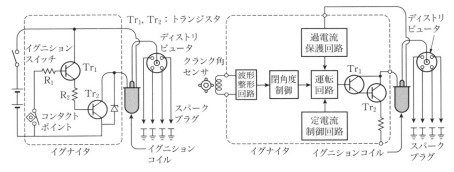

（a）　セミトランジスタ式点火システム　　　（b）　フルトランジスタ式点火システム

図6·52　トランジスタ式点火システム

5. マイクロコンピュータ式点火装置

機械的な遠心式ガバナやバキュームアドバンサを取り除き，エンジンの各部に設置したセンサからの信号に基づき，マイクロコンピュータで最適な点火時期を演算し，イグナイタに信号を送り，点火プラグに高圧電流を送るシステムである．

図 6·53 にマイクロコンピュータ式点火装置の点火システム略図を示す．

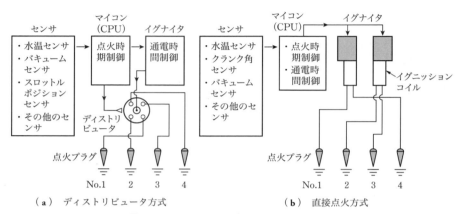

図 6·53　マイクロコンピュータ式点火システム

(1) ディストリビュータ方式　図 6·53 (a) のように，マイクロコンピュータで演算した点火時期をイグナイタに送り，イグニッションコイルに流れる 1 次電流を遮断すると，2 次コイルに高電圧が発生する．ディストリビュータで配電し，各点火プラグに送る．

(2) 直接点火方式　図 6·53 (b) のように，マイクロコンピュータで最適な点火時期を演算し，2 気筒のイグナイタそれぞれに点火信号を送る．イグナイタから独立したイグニッションコイルに信号を送り，イグニッションコイルから点火順序に従って点火プラグに高圧電流を送る．

6·10　発電・充電システム

バッテリの容量には限度があり，放電すると容量不足に至る．そこで，エンジン運転中の動力の一部で発電機（ゼネレータ）を回転し，発電された電気は，直流電流として，バッテリへの充電や電気・電子システム，灯火などで消費される．

1. ダイナモ

ダイナモ（直流発電機：dynamo）は，固定された円筒状のステータ（固定子）と，その内部を回転するアーマチュア（電機子），およびコンミュテータ（整流子）・ブラシの主要部分から構成される．ダイナモは，低速回転時では充分な充電ができず，高速回転ではコンミュテータとブラシの摩耗などが起こる．

2. オルタネータ

自動車の電気の使用量が増し，現在では電子回路が組み込まれたオルタネータ（alternator：交流発電機）が用いられる．

（1）構造 オルタネータは，図6・54に示すように，ロータ（回転子）とステータ（固定子）から構成される．

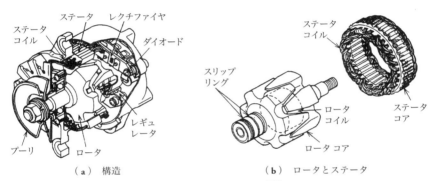

図6・54　オルタネータの構造

（2）発電の原理 図6・55(a)のように，120°の角度で放射状に配置したコイルの結線をスター結線と呼び，中心の結線を中性点という．スター結線したロータコイル

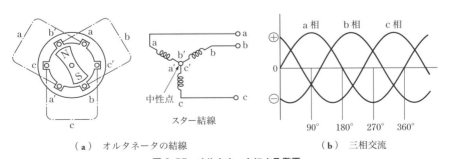

図6・55　オルタネータによる発電

にフィールド電流を流し，リング状のステータの内部で回転させると，その間に磁力が発生し，その磁力によりステータコイルに三相交流が誘起される．各相は，同図（b）のように180°ごとにプラスとマイナスが交互する単相交流電流である．

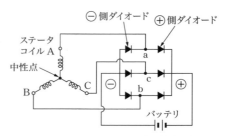

図6・56　オルタネータの全波整流回路

（3）**整流**　ステータコイルに発生した単相交流を図6・56のように結線し，ダイオードの電流が一方向にのみ流れるという特性を利用して整流すると，図6・57（a）から（b）のように，単相交流が全てプラス側に整流される．

合わせて三つの相を全波整流すれば，同図（c）のように直流に近い電流となる．この電流をバッテリに接続すれば，直流電流の充電が可能になる．

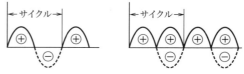

(a)　単相交流の半波整流　　(b)　単相交流の全波整流

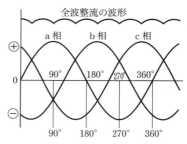

(c)　三相交流の全波整流

図6・57　整流

（4）**ボルテージレギュレータ**　ボルテージレギュレータ（voltage regulator：電圧調整器）は，ロータコイルに流すフィールド電流を調整し，ステータコイルからの発生電圧を一定に保つはたらきをする．

ダイオードは，バッテリからオルタネータへの逆電流を防止するので，カットアウトリレーの役目を兼ねる．

図6・58に示すように，ボルテージレギュレータには，ボルテージリレーと可動鉄片の接点ポイントを使った2接点式ボルテージレギュレータ，オルタネータに内臓されたIC（電気集積回路）とトランジスタを組み合わせた無接点式のIC式ボルテージレギュレータのほか，モノリシックIC（M・IC）式ボルテージレギュレータなどがある．

発電・充電システム | 6・10 | 107

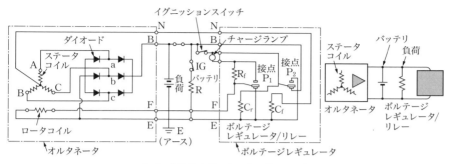

（a） 2接点式ボルテージレギュレータ

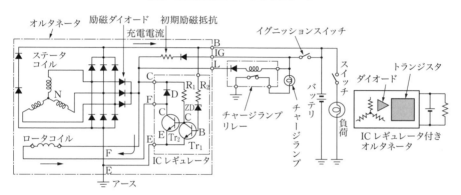

（b） IC式ボルテージレギュレータ

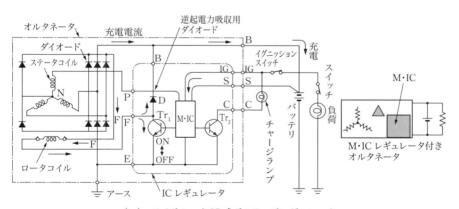

（c） モノリシックIC式ボルテージレギュレータ

〔主な記号〕 N：中性点，B：バッテリ端子，Tr_1, Tr_2：トランジスタ，F：フィールド電流，
IG：イグニッション端子，Ch：チャージ電流，L：L端子

図 6・58　ボルテージレギュレータ

6·11 バッテリ

　バッテリ（battery：蓄電池）に，他の電源から直流電流を供給すると，電気エネルギーが化学的エネルギーに変換されて蓄えられる．必要に応じて，再び直流電流として取り出すことのできる電力の容器である．バッテリに電気を蓄えることを**充電**(charge)といい，バッテリから電気を取り出すことを**放電**（discharge）という．

1. バッテリの種類

　バッテリは，電解液の中に 2 枚の鉛板を電極として浸したもので，電解液が注入されている．電解液は，使用中に蒸発するため，液の補充が必要である．補水を必要とするバッテリを**普通バッテリ**という．鉛カルシウム合金製の極板の開発により，補水時間を延長し自己放電の量を少なくしたバッテリも使用されている．このバッテリを，**MFバッテリ**（メンテナンスフリーバッテリ）と呼んでいる．

　普通バッテリの陽極板と陰極板には，アンチモンの含有を少なくした鉛合金を使用した低アンチモンバッテリと，陰極板にカルシウムを含有した鉛合金の格子を使用したハイブリッドバッテリがあるが，自己放電の少ないハイブリッドバッテリが多く使われている．MFバッテリには，陽・陰極板にカルシウムを含有する鉛極板が使用されていて，カバーの状態によって開放式と密閉式がある．

表6·7

普通バッテリ	低アンチモンバッテリ	
	ハイブリッドバッテリ	
MFバッテリ	カルシウムバッテリ	開放式
		密閉式

2. バッテリの構造

　バッテリは，セル・極板・セパレータおよび電解液などから構成される．

　セル（cell：電槽）は，電解液・極板などをおさめるプラスチック容器が使われる．12 V のバッテリは，内部が 6 つの小セルに分かれ，直列につながっている．カバーには，電解液の注入口があり，両端には陽極板・陰極板に溶着されたプラス端子・マイナス端子が出ている．

　プレート（plate：極板）は，陽極板と陰極板があり，いずれも鉛アンチモンを格子（グリッド）状にした板に蓄電作用をする活物質を塗り込んで固めてある．

　セパレータ（separator：隔離板）は，両極板の間にはさまれ，極板の接触を防ぎ，極板の振動などによる脱落を防いでいる．

　電解液は，濃硫酸を蒸留水でうすめた希硫酸が使われ，自動車用のバッテリでは，

1.200〜1.300の比重が用いられている．電解液の量が不足した場合は，蒸留水を補充する．

3. バッテリの化学作用

バッテリは，充電と放電を繰り返す（図6·59）．

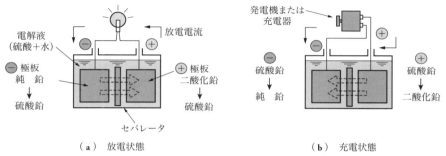

図6·59 バッテリの化学作用

その化学変化は，次の式のようになる．

$$\underset{陽極}{PbO_2} + \underset{電解液}{2H_2SO_4} + \underset{陰極}{Pb} \underset{充電}{\overset{放電}{\rightleftarrows}} \underset{陽極}{PbSO_4} + \underset{電解液}{2H_2O} + \underset{陰極}{PbSO_4}$$

4. バッテリの容量

バッテリは，ふつう，2Vのセル6個を直列に連結し，バッテリ1個の電圧を12Vとしている．小型自用車には，12Vバッテリ1個，大型トラックやバスには，12Vのバッテリを2個直列に連結して24V，3個連結して36Vの電源が使われている．

バッテリの容量は，電気を蓄える能力を示し，完全充電されたバッテリを放電して，1セルの電圧が1.75V（放電終止電圧）に下降するまで放電できる電気量で表す．

バッテリの容量［Ah］＝放電電流［A］×放電時間［h］

単位は，一般に，"5時間率容量"が用いられ，電流と時間の積，アンペア時（ampere hour：記号 Ah）で表している．毎時10Aの電流で放電し，5時間連続に電流を流した場合，10A×5時間＝50Ahをとなり，このバッテリの容量を"5時間率50Ah"という．

図6·60のように，バッテリを放置すると自然に容量が減少する．これを**自己放電**という．自己放電は，電解液の比重や温度が高いときほど，多くなる性質をもつ．電圧が1.75V以下になるまで過放電すると電解液の作用を低下させ，バッテリの機能がおとろ

え る．

　放電終止電圧以下に下がらないように，電解液の比重が 1.200 になると充電を要する．

5. 電気配線

　電気配線は，1 本で使用される単線式と，2 本組み合わせた複線式が用いられる．自動車の場合，バッテリのマイナス（－）側がボデー（車体）に接続されている．これを**ボデーアース**という．このため，プラス（＋）側の配線をつなげば，ライトの点灯や電装品が使用できる．配線を束ねたものを**ワイヤーハーネス（結束配線）**と呼び，太さと色によって配線系列を分けて使用される．バッテリターミナルケーブルは，赤色がプラス側に，黒色がマイナス側に接続されているので，充電時の結線には注意を要する．

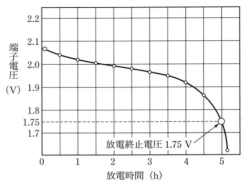

図 6・60　バッテリの放電時間と 1 セル当たりの端子電圧の関係

6・12　エンジン始動システム

1. スタータ

　エンジンを始動するには，外部から大きな回転力を与え，クランク軸の回転を約 200 rpm に上げ，ピストンを圧縮し燃料に点火しなければならない．

　小型のエンジンは，手や足でクランク軸を回転させ，エンジンを始動するが，大きなエンジンでは，モータでクランク軸を回転させる．この装置を，**スタータ**（self starting motor）という．

2. スタータの構造

　スタータのモータは，回転力が大きくて比較的高速であり，電力消費量が少なく，かつ，小型・軽量であることが望ましい．このため，直流発電機と同じように，フィールドコイルとアーマチュアコイルを直列に接続した直巻き電動機が使用される．

　スタータは，モータのアーマチュア軸に設けたピニオン（pinion：小歯車）をクランク軸のフライホイール外周のリングギヤ（ring gear）にかみ合わせるため，始動スイッ

チやかみ合い装置が設けられる.

(1) 電磁ピニオンシフト式 アーマチュア軸の延長に，オーバランニングクラッチ，ピニオンの順に取り付けられる方式で，一般に，図6・61(a)のように，モータの回転がピニオンに直結して伝達される．

ピニオンシフト式は，シフトレバーを電磁石で作動する方式で，その構造および回路を図6・61(b)に示す．

スタータスイッチを接続すると，バッテリの電流は，マグネットスイッチのプルインコイル（pull in coil：吸引コイル）を通って，フィールドコイルおよびアーマチュアコイルに流れ，アーマチュアは回転し始める．同時に，ホールディングコイル（holding coil：保持コイル）に流れた

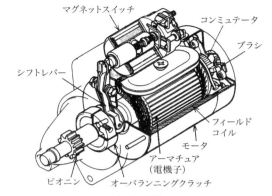
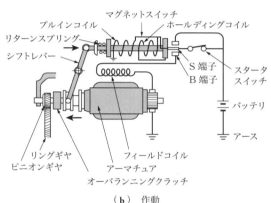

図6・61 電磁ピニオンシフト式スタータ

電流は，プルインコイルの磁力とともにプランジャを吸引し，シフトレバーを介しピニオンをリングギヤにかみ合わせる．両歯車がかみ合うと同時に，プランジャの先端にメーンスイッチが接続されて大きな電流が流れ，アーマチュアは強力に回転してエンジンを始動する．

エンジンが自力回転してスタータスイッチを切ると，プランジャはスプリングによりもとの位置にもどって両歯車のかみ合いは解除される．メーンスイッチも切れてスタータの回転は止まる．

(2) リダクション式 モータの回転を減速してピニオンが回転する方式をリダクション式（減速式）という．図6・62のように，スタータのアーマチュア軸の先端部にリダクションピニオン（減速小歯車），アイドルギヤ（中間歯車），クラッチギヤをか

み合わせ，電動機の回転をリダクション（減速）する方式である．直結式より電動機の回転を速くでき，その回転を約 1/3 に減速してピニオンに伝達するため，回転トルクが 3 倍になる．スタータの小型化ができ，かつ強力な回転力が得られる特徴がある．

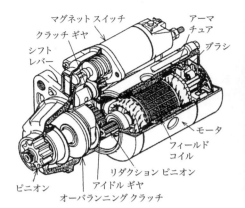

図 6·62 リダクション式スタータの構造

3. スタータの定格出力特性

スタータは定格出力特性を有する．公称出力 2 kW のスタータを例にあげると，図 6·63 のように，電流 400 A 付近で定格 2 kW の出力を発生する．電流の増減により，回転数とトルクは，図のように変化する特性をもつ．

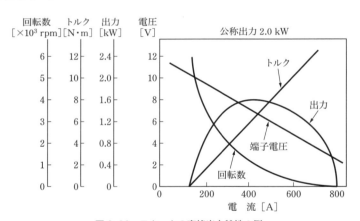

図 6·63 スタータの定格出力特性の例

6章 練習問題

6·1 ガソリンエンジンを構成する主要な部分を調べよう．

6·2 ピストンの熱膨張に対して，どのような工夫がされているか調べよう．

6·3 ピストンリングの機能について調べよう．

6·4 SV 式，OHV 式および DOHC 方式の機構を調べよう．

練習問題 | 6章 | 113

6·5 2バレルメカニカルキャブレターの系統について調べよう.

6·6 潤滑油の作用と性質について調べよう.

6·7 電子制御システムに用いられている各センサと主な作動について調べよう.

6·8 バッテリの作用について調べよう.

7

ディーゼルエンジン

　ディーゼルエンジンは，内燃機関の中で最も熱効率が高く，燃料の経済性からも注目されている．出力 1 kW 程度の小型から 1 万数千 kW の大型まで，陸・海の各種交通機関，発電，土木建設，一般産業の原動力として広く使われている．

7・1　ディーゼルエンジンの概要

1. ディーゼルエンジンの構成
　ディーゼルエンジンは，エンジン本体と補助装置・補機から構成される．
　（1）**エンジン本体**　ディーゼルエンジンの構造は，ガソリンエンジンとほとんど同じである．比較的出力が大きいため，本体は大型で頑丈な構造となる．
　図 7・1 に，自動車用のディーゼルエンジンの一例を示す．
　（2）**補助装置・補機**　ガソリンエンジンと共通する吸気システムや燃料供給システ

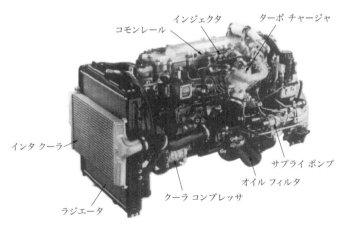

図 7・1　ディーゼルエンジンの一例〔三菱ふそうトラック・バス(株)〕

ムなどの補助装置のほか，ディーゼルエンジン特有のコモンレール式燃料噴射装置や，タイマ，ガバナなどの補助装置が装着されている．そのほか，エンジンの出力を増大させるための補機として過給機などが装着されている．

7・2　ディーゼルエンジンの燃焼

シリンダ内に空気を吸入し，これを圧縮比 15 〜 25 程度に急激に圧縮すると，圧力は 3.5 MPa 前後に上昇する．同時にシリンダ内の温度は約 500°C に達する．この高圧・高温の空気中に約 250 〜 350°C で着火する軽油を噴射すると，自己着火を起こして燃焼が広がり，燃焼ガスは膨張する．このガスの圧力により，ピストンが押し下げられ，回転動力が発生する．

1. 4サイクルディーゼルエンジンの燃焼室

噴射された燃料が，シリンダ内で空気と均等に霧化され，完全燃焼できるような燃焼室が開発されている．現在用いられている燃焼室には，次のような方式がある．

① **単室式**　直接噴射式
② **副室式**　予燃焼室式・渦流室式・空気室式

（1）**直接噴射式**（direct injection type）　図 7・2 (a) に示すように，シリンダとピストンヘッドの間に燃焼室を設け，その燃焼室に燃料を直接噴射する方式である．この方式は，空気と燃料の混合をよくするために，空気に運動を与えている．そのために，吸気バルブに案内板を付け，シリンダに流入する空気に旋回流（スワール：swirl）を起こさせたり，ピストンヘッド部にくぼみを設け，圧縮行程中の空気に渦巻き（スキシュ：squish）を発生させたりしている．

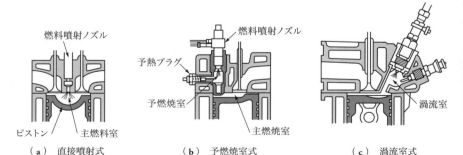

図 7・2　ディーゼルエンジンの燃焼室

この形式は，構造が簡単で，燃焼室の冷却面積も小さく，燃料消費率が小さい．燃料の噴射圧力は約 16 〜 23 MPa まで上げて噴射する．始動が容易であり，燃焼が短時間に進行するため，他に比べてエンジン音が高い．

圧縮比 $\varepsilon = 15 \sim 25$，燃料消費率＝約 $185 \sim 230$ 〔g/(kW·h)〕

（2） 予燃焼室式（precombustion chamber type）　図 7·2（**b**）に示すように，シリンダヘッドに，全圧縮容積の 25 〜 45% 程度の容積をもつ小さな予燃焼室を設けてある．予燃焼室の位置，燃料噴射の数や角度は，エンジンによって異なる．圧縮行程のとき，シリンダ内の空気の一部は噴孔を通り，渦を巻きながら予燃焼室に圧入される．そこに燃料を噴射すると，予燃焼室内で燃料の一部が燃焼し始める．このときの予燃焼室と主燃焼室の圧力差によって，高温の燃焼ガスが燃料といっしょに噴孔から主燃焼室に高速で噴出され，新しい空気と混合されて，完全に燃焼が行われる．

この形式は，燃料と空気の混合がよいので，噴射ポンプの噴射圧力は 9 〜 13 MPa と比較的低くてもよく，噴射ノズルの直径を大きくすることができる．作動も静かである．予燃焼室を設けるため，シリンダヘッドの構造がやや複雑になり，燃焼室の表面積が広いため熱損失が大きい．始動時には空気が圧縮されても温度が上がりにくいので，予燃焼室に予熱プラグを取り付けたり，空気予熱装置を取り付けている．

圧縮比 $\varepsilon = 17 \sim 23$，燃料消費率＝約 $230 \sim 300$ 〔g/(kW·h)〕

（3） 渦流室式（swirl chamber type）　図 7·2（**c**）に示すように，主燃焼室のほかに，全圧縮容積の 70 〜 80% 程度の渦流室を設け，主燃焼室とふつう 1 個の小穴で連絡している．圧縮行程中に小穴を通って渦流室に流れ込む空気の渦の中へ燃料を噴射し，完全燃焼を行わせる．したがって，回転速度や平均有効圧力を高くすることができ，圧縮比も比較的高くできる．しかし，シリンダヘッドの構造が複雑になり，熱損失も大きい．予熱プラグが装備されている．

圧縮比 $\varepsilon = 18 \sim 23$，燃料消費率＝約 $245 \sim 290$ 〔g/(kW·h)〕

2. ディーゼルエンジンの燃焼過程

ディーゼルエンジンの燃焼過程は，図 7·3 に示す 4 段階（A 〜 E）に分られる．

① **着火遅れ期間**（A → B）　燃料がシリンダ内に霧状に噴射されてから，燃焼を起こそうとするまでの期間をいう．圧縮上死点の数度前（A 点）で，高温・高圧の圧縮空気中に噴射された燃料は，空気の熱によって蒸発・気化し，空気と混合しながら点火温度に近づき，B 点で自己着火する．このように，燃料が噴射されて燃焼反応が起こるまでの時間的遅れを**着火遅れ**（ignition lag）という．着火遅れの長短は，燃料の着火性，シリンダ内の温度・圧力，燃料の粒の大きさ・噴霧状態，空気の渦流状態などによって支配され，着火遅れ長短はエンジン性能に影響を及ぼす．

② **火炎伝播期間**（B→C） 着火遅れ期間に蓄積された混合ガスは，B点で着火し，急激に燃焼して，火炎がシリンダ内に広がり，圧力・温度は瞬間的に上昇する．この燃焼は，ガソリンエンジンと同じように定容燃焼である．

③ **直接燃焼期間**（C→D） 火炎伝播期間の終わる点（C点）を過ぎても，燃料はなお噴射されているので，燃料は次々と直接燃焼する．したがって，噴射の終わる点（D点）まで，ほぼ定容的に燃焼が行われる．

④ **後期燃焼期間**（D→E） 燃料噴射が終了しても，なお，その後わずかの間は燃え残りの燃焼が続

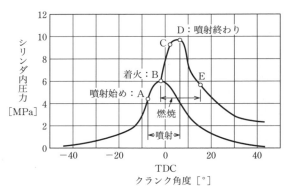

図7・3 ディーゼルエンジンの燃焼過程

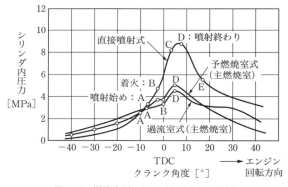

図7・4 燃焼室別シリンダ内圧変化の比較

く．この期間を後期燃焼期間という．この期間が長くなると，排気温度が高くなり，それだけ熱損失が増す．

各燃焼室の燃焼過程の比較を図7・4に示す．予燃焼室式や渦流室式よりも直接噴射式のほうが燃焼室の圧力が上昇することがわかる．

3. 2サイクルディーゼルエンジンの燃焼室

2サイクルディーゼルエンジンの燃焼室は，4サイクルエンジンのように自動的に空気が吸入される構造ではない．このため掃気ポンプが必要となる．

掃気の方法には，単流掃気式と複流掃気式の二つがある（表7・1）．ピストンの上下運動とともに燃焼ガスを強制的に送り出すため，"掃気"と表している．

表7・1 2サイクルエンジンの掃気の方法

単流掃気式	
複流掃気式	横断掃気式
	反転掃気式

（**1**） **単流掃気式燃焼室**　シリンダ内への掃気や排気が一つの方向にだけに流れる方式である．エンジンの空気は，ルーツ形掃気ポンプによって，シリンダ下部の掃気ポートからシリンダに送られる．シリンダヘッドに排気バルブが設けられ，燃焼後，燃焼ガスは排気バルブを通って排出される．

（**2**） **複流掃気式燃焼室**　バルブを使用せず，シリンダに掃気ポートと排気ポートが設けられ，空気は掃気ポートからシリンダに沿って上昇し，シリンダヘッドで方向を変えて下向し，排気ポートから排出される方式で，これには，図7・5に示すような種類がある．

① **横断掃気式**　空気が掃気ポートから送られ，シリンダを横断して排気ポートに向かう方式．

② **反転掃気式**　空気が下側の掃気ポートからシリンダ上部に向けて送られ，流れを反転して排気ポートに向かう方式．

掃気効率が比較的よいため，船舶用大型ディーゼルエンジンに用いられている．

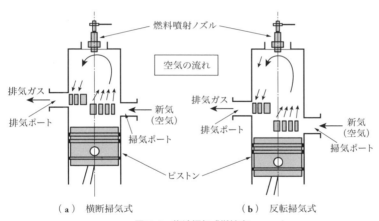

図7・5　複流掃気式燃焼室

7・3　燃料供給システム

1.　燃料供給ポンプ

燃料供給ポンプ（フィードポンプ：fuel feed pump）は，燃料を燃料タンクから吸い上げて，燃料噴射ポンプに送り込む．プライミングポンプ（手動ポンプ）も設けられているので，始動時や空気抜きのときに，手動で燃料を送ることができる．

2. 燃料噴射システムの方式

燃料噴射システムは表7·2に示すように大別できる．ジャーク式〔図7·6(a)〕は，プランジャで燃料を加圧して毎回燃料を噴射する燃料噴射ポンプで，コモンレール式〔同図(b)〕は，サプライポンプ（燃料加圧装置）で加圧した燃料をコモンレール（蓄圧室）に蓄えてからシリンダに直接燃料を供給する燃料噴射装置である．

表7·2 燃料噴射システムの分類

燃料噴射方式		機能
ジャーク式	列型燃料噴射ポンプ	シリンダと同数のプランジャが直列に並び，1本のカムシャフトにより加圧されるポンプ
	分配型燃料噴射ポンプ	1本のプランジャで燃料を加圧して，各シリンダに燃料を噴射するポンプ
	ユニットインジェクタ	燃料を加圧する部分とノズルを一体に組合わせたポンプ．シリンダごとに装置を有する．
コモンレール式		燃料をサプライポンプによりあらかじめ高圧にしてコモンレールに蓄圧しておき，ECUからインジェクタに電気信号を送り，噴射する．

日本機械学会編：機械工学便覧より作成．

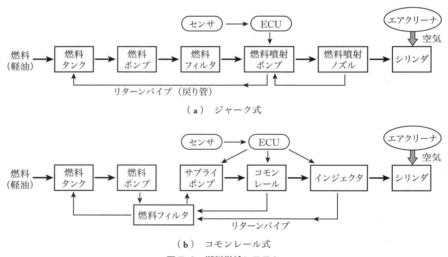

(a) ジャーク式

(b) コモンレール式

図7·6 燃料供給システム

3. 燃料噴射ポンプ式システム

燃料噴射ポンプ（fuel injection pump）は，燃料に 9.8〜49 MPa という高い圧力を

与えて，各シリンダの噴射ノズルへ圧送する装置である．自動車や産業用などの陸上用エンジンには，ふつうシリンダ内に棒状のプランジャが往復運動するプランジャポンプ方式が用いられる．

　燃料噴射ポンプには，シリンダ数と同数のプランジャを有する**列型燃料噴射ポンプ**〔図7·7(a)〕と，プランジャ1本が回転・往復しながら作動する**分配型燃料噴射ポンプ**〔同図(b)〕がある．

　燃料噴射ポンプには，噴射量や噴射時期を自動的に調整するための**調速機**（ガバナ：

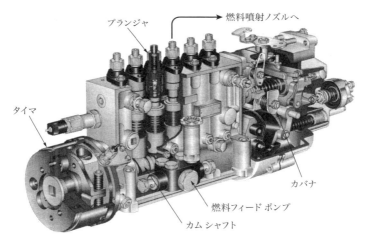

(a) 列型燃料噴射ポンプ

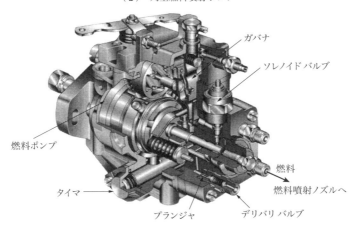

(b) 分配型燃料噴射ポンプ

図7·7　燃料噴射ポンプ式システム〔(株)ボッシュ〕

governor）や**噴射時期調節機**（**タイマ**：timer）が取り付けられ，連動して作動する．

ガバナおよびタイマについては，後述する．

（1）**列型燃料噴射ポンプ**
列型燃料噴射ポンプには，噴射量の比較的少ない小型自動車用のA型ポンプと，噴射量の多い大型自動車用のP型ポンプがある．図7·8にP型列型燃料噴射ポンプ（in-line fuel injection pump）の内部構造を示す．噴射ポンプ駆動用のカム軸は，エンジンのクランク軸およびタイミングギヤ（調時歯

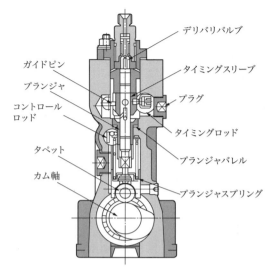

図7·8　P型列型燃料噴射ポンプ

車）の回転を通して回転し，その回転によってプランジャがプランジャバレル（plunger barrel）の中を一定の行程で上下し，燃料を圧送する．A型は予燃焼室用，P型は直接噴射式エンジンに使われている．

（a）**プランジャ**（plunger）　列型燃料噴射ポンプのプランジャは，図7·9(a)に示すように，外筒のプランジャバレルとタイミングスリーブに組み込まれた構造である．プランジャの上部にはデリバリバルブが組み込まれ，プランジャブロックとなっている．

列型のプランジャは，シリンダと同数のプランジャを装備している．プランジャは細長い丸棒で，同図(b)のように，頭部の燃料の送出ポートと横にはリードが切ってある．プランジャを回転させれば，燃料を圧送する量すなわち噴射量の増減ができる．リード（切欠き）には，プランジャの下側から見て右回転させると噴射量が増加する右巻きリードと，逆方向で増加する左巻きリードの種類がある．

（b）**燃料噴射量の増減機構**　図7·10(a)に示すアクセルペダルに連動するコントロールロッドの左右の移動が，ボールを介してプランジャスリーブを回転させる．これにより，プランジャスリーブの溝部に組み合うプランジャが回転し，プランジャの有効ストロークが変化することによって，噴射量の増減が行われる．燃料の圧縮開始から終了までプランジャが移動する量を**有効ストローク**という〔同図(b)〕．

（c）**デリバリバルブ**（delivery valve）　デリバリバルブ（出口バルブ）は，プラン

燃料供給システム | 7·3 | 123

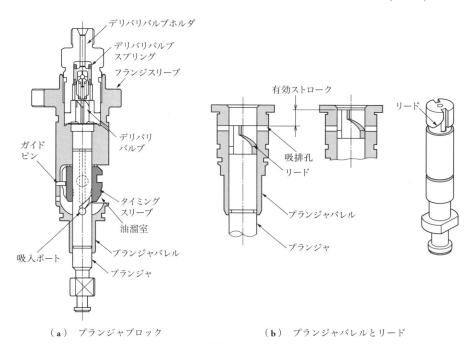

(a) プランジャブロック (b) プランジャバレルとリード

図 7·9　列型燃料噴射ポンプのプランジャ

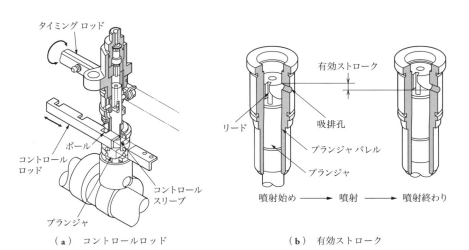

(a) コントロールロッド (b) 有効ストローク

図 7·10　燃料噴射量の増減機構〔(株)ボッシュ〕

ジャポンプの上部にあり，デリバリバルブスプリングによって燃料の出口が閉じられている（図7·11）．プランジャが作用して燃料の圧力が高くなると，デリバリバルブが開き，燃料が送油される．圧力が低下すると，スプリング力でバルブが閉じ，ポンプの作用を行い，燃料噴射の切れをよくする．

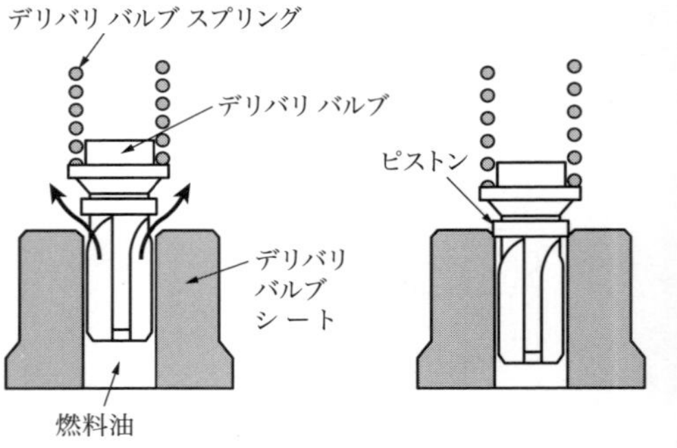

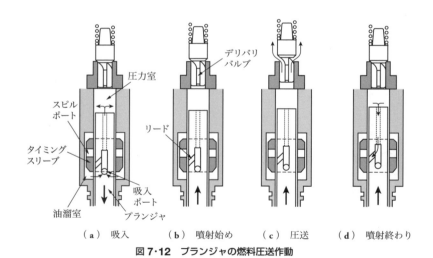

図7·11 デリバリバルブ

（d） プランジャの燃料圧送作動
　図7·12の各図に示すように，プランジャの下部は，カム軸のカムと連動して，上下運動する機構となっている．燃料の圧送は，カム軸の回転により，プランジャが上下に運動して，燃料が加圧され，デリバリバルブのスプリングの張力に打ち勝って行われる．

（a） 吸入　　（b） 噴射始め　　（c） 圧送　　（d） 噴射終わり
図7·12　プランジャの燃料圧送作動

（2） プリストローク列型燃料噴射ポンプ　燃料噴射ポンプから噴射される燃料のシリンダごとのばらつきに対して，燃料噴射の増減を行い，不均率を補正する機構を**プリストローク制御機構**という．この機構をもつプリストローク可変型噴射ポンプ機構（後述）と電子ガバナとを組合わせたのがプリストローク列型燃料噴射ポンプである．
　プリストローク制御機構は，図7·13（a）に示すように，不均率を補正する機構とし

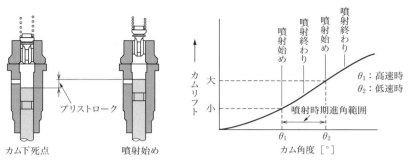

(a) 不均率を補正する機構

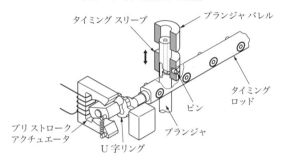

(b) 電子制御タイミングロッド

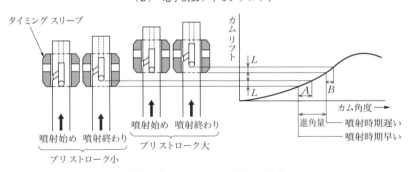

(c) プリストロークを変更する機構

図7・13 プリストローク制御機構〔(株)ボッシュ〕

て，低速時には多くの燃料を送油し，高速時には噴射時期を進角させる．同図(b)のように，プランジャ周囲にタイミングスリーブを組み付け，電子制御機構によりタイミングロッドでプランジャを左右に動かし，同図(c)のようにプリストロークを変更する．この制御機構を組み入れて噴射率を可変にしたポンプが**プリストローク可変型噴射ポンプ**である．タイマ機構が不要となる効果もある．

(3) 分配型燃料噴射ポンプ　図7・14に，分配型燃料噴射ポンプ（distributor type injection pump）の概要を示す．プランジャは，カムディスクに左から押されながら回転し，エンジンから回転するドライブシャフトが1回転するたびに，シリンダ数分，プランジャバレル内を往復運動し，燃料を圧送する．

（a）燃料噴射量の調節　プランジャは，図7・15のように，1本の丸棒の中空に穴

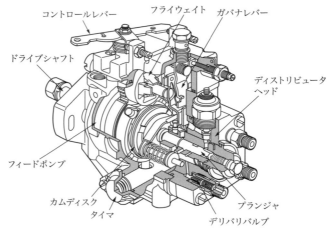

（a）姿図

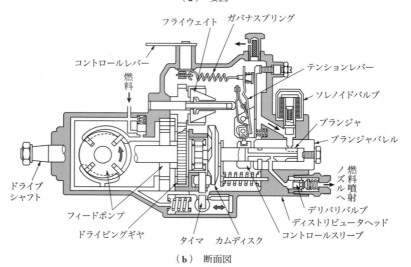

（b）断面図

図7・14　分配型燃料噴射ポンプの構造〔(株)ボッシュ〕

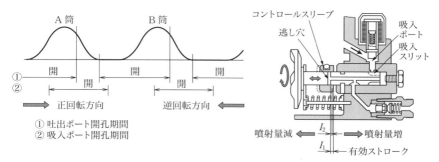

図 7・15　燃料の噴射量の調節〔(株)ボッシュ〕

が加工されており，外周に燃料吸入（インレット）ポート，吸入スリット，吐出（アウトレット）ポート，吐出スリットや均圧ポートなどが加工されている．

燃料の噴射量の増減は，プランジャの有効ストロークの変化によって行われる．プランジャの噴射行程で右側に移動しているとき，スリーブを左側に移動すれば，プランジャの燃料逃し穴とポンプハウジングに通じる行程が短くなり，噴射量が減少する方向で噴射が終わる．回転速度を上昇させるときには，アクセルペダルを踏むとスリーブが右側に動き，有効ストロークが大きくなり，噴射量が増加し，エンジンの回転速度が増加する．

(b)　プランジャの圧送作動

① 吸入行程　カムのプランジャスプリングの張力によりプランジャが左側に下降行程を始め，バレルの吸入ポートとプランジャの吸入スリットが重なり，フィードポンプで加圧された燃料は，図 7・16(a)のようにプランジャ内にもどされる．

② 噴射行程　カムディスクが回転しながら凸部で押すと，プランジャが回転しなが

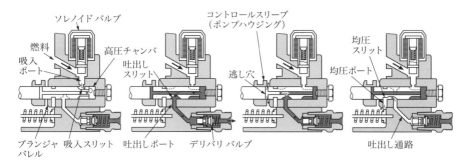

(a)　吸入行程　　　(b)　噴射行程　　　(c)　噴射終わり　　　(d)　均圧行程

図 7・16　プランジャの圧送作動

ら右に移動し，燃料の圧縮を行う．さらに回転すると，プランジャの吐出スリットとバレルの吐出ポートが重なり，燃料は吐出油路からデリバリバルブを通って噴射ノズルに送られ，燃焼室に噴射される〔同図(b)〕．

③ **噴射終わり** プランジャが回転しながら圧縮行程を続ける中で，プランジャの燃料逃し穴とポンプハウジング内に通じるポートを通って加圧された燃料が，ポンプハウジング内に流れて圧力が下がり，燃料の噴射が終了する〔同図(c)〕．

④ **均圧行程** 燃料の噴射が終わると，プランジャバレルの均圧ポートからデリバリバルブの間の吐出通路にある燃料は，ポンプハウジング内の圧力に均圧される〔同図(d)〕．

4. 燃料噴射ノズル

燃焼室に燃料を霧状にして噴射するものを燃料噴射ノズル（fuel injection nozzle）という．

（1）燃料噴射ノズルの構造 ノズルホルダ（nozzle holder）およびノズル（nozzle）で構成され，シリンダの頭部に取り付けられる．図7・17は，ボッシュ型噴射ノズルの構造を示したものである．

ニードルバルブ（針弁）は，ノズルスプリングにより，ノズルの先端の円すい面に押し付けられ，閉じている．加圧された燃料がノズル内に圧送されると，燃料の圧力によりニードルバルブが開き，噴出孔から燃料が噴射される．燃料噴射ノズルには，燃料の霧化，貫通力，および燃料粒子を分散・分布する性能が求められる．

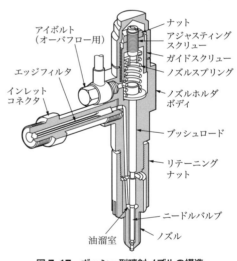

図7・17 ボッシュ型噴射ノズルの構造

（2）噴射ノズルの種類 ニードルバルブとボデーの形状によって，ノズルは，図7・18のように，噴出孔が1個（単孔）のスロットル型と，複数の噴出孔をもつホール型に分類される．

① **スロットル型**は，約1 mmの噴孔が1個だけで，噴射し始めは少量の燃料しか噴射されないスロットル行程（絞り行程）をもつノズルである．着火遅れ期間中に噴射量が少ないため，ディーゼルノックの発生を軽減できる．一般に，渦流室式および予燃焼

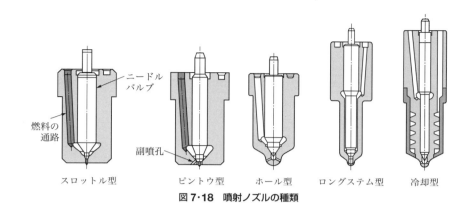

図7・18 噴射ノズルの種類

室式エンジンに使用される．

② **ピントウ型** ノズルボデーに，約 1 mm の主噴孔のほか，0.15 〜 0.2 mm の副噴孔が設けてある．低速回転では主に副噴孔から燃料を噴射し，高速回転時には主噴孔から噴射して副室内にスワール（渦）を起こし，点火性や始動性をよくしている．主に渦流室式エンジンに使用される．

③ **ホール型** ノズルボデーの先端に，約 0.34 〜 0.37 mm の噴孔を約 118 〜 166°の角度で数個配置したノズルである．直接噴射式エンジンに使用される．ノズルボデーが長いものは，**ロングステム型**とも呼ばれる．また，大型船舶用エンジンなどで，ノズルボデーの周囲に軽油を回して冷す冷却型もある．

7・4　電子制御式燃料噴射ポンプ

これまで燃料噴射ポンプは，遠心力やスプリングの張力を用い，機械的に制御されてきたが，エンジンの回転への対応にタイムラグ（時間遅れ）が生じ，また，他の装置の性能向上に追従する上での困難が生じてきた．そこで，ポンプ本体に電子制御技術を用いて，運転状況に応じた最良の燃料供給のできるよう開発されたのが，**電子制御式燃料噴射ポンプ**（EIP：electronic injection pump）である．

1．種類と構成

電子制御式燃料噴射ポンプには，列型および分配型燃料噴射ポンプがあり，表 7・3 に示すような電子制御装置で構成されている．

130 | **7章** | ディーゼルエンジン

表7·3 電子制御式燃料噴射ポンプの構成

種類	構成	作用
列 型	プリストローク電子制御 電子ガバナ 電子タイマ	噴射時期と燃料送油率の制御作用 燃料の噴射量の制御作用 燃料噴射時期の制御作用
分配型	分配型電子タイマ 電磁スピルバルブ	燃料噴射時期の制御作用 燃料の噴射量の制御作用

2. 制御システム

電子制御式燃料噴射ポンプの制御システムは，運転状態を検知するセンサ部，それらのデータを電気信号で受けて燃料の噴射時期や噴射量を演算する ECU（electronic control unit），ならびに ECU からの信号を受けて作動するアクチュエータなどで構成される（表7·4）.

表7·4 電子制御式燃料噴射ポンプシステム

センサ（入力信号）	ECU（制御項目）	アクチュエータ（出力信号）
共通 　クランク角センサ 　ブースト圧センサ 　アクセル位置センサ 　燃料温度センサ 　冷却水温センサ 　車速センサ 列型燃料噴射ポンプ 　コントロール位置センサ 　プリストローク位置センサ 分配型燃料噴射ポンプ 　エンジン回転速度センサ 　グロープラグセンサ	噴射時期制御 噴射量制御 ダイアグノーシス機能 　フェイルセーフ機能 　フィードバック機能 　バックアップ機能	列型燃料噴射ポンプ 　コントロールロッドアクチュエータ 　プリストロークアクチュエータ 分配型燃料噴射ポンプ 　タイミングコントロールバルブ 　電磁スピルバルブ グロープラグリレー

3. センサの作動

主なセンサの作動を次の表7·5 に示す．ガソリンエンジンと共通の作用をもつクランク角センサ，ブースト圧センサ，アクセル位置センサ，水温センサ，燃料温度センサ，車速センサなどの作動は同表のとおりで，以下では，ディーゼルエンジン特有の作用をもつセンサについて説明する．

①　**コントロールロッド位置センサ**　エンジンの運転状態や車速の状態に応じた電気信号を検出して，目標のコントロールロッド位置に対する現在のロッド位置を検出してECU に送る．

②　**プリストローク位置センサ**　エンジンの運転状態や車速の状態に応じた電気信

表7・5 電子制御式燃料噴射ポンプの主なセンサの作動

装置	作動
クランク角センサ	エンジンの回転数とピストンの圧縮上死点の位置を検出.
ブースト圧センサ	吸入マニホールド内圧力（ブースト圧力）を検出.
アクセル位置センサ	アクセルペダルの踏込み位置と開度を検出.
燃料温度センサ	燃料ポンプ本体での温度を，サーミスタを用いて測定.
水温センサ	シリンダ内の冷却水の温度を，サーミスタを用いて測定.
車速センサ	スピードメータドライブギヤから車速を検出.
コントロールロッド位置センサ	目標のコントロールロッドの位置に対し，現在の位置を測定.
プリストローク位置センサ	目標のプリストロークに対し，現在のストローク位置を検出.
エンジン回転速度センサ	燃料噴射ポンプのドライブギヤからエンジン回転速度を検出.

号を検出して，目標のプリストローク位置に対する現在のストローク位置を検出してECUに送る．

③ **エンジン回転速度センサ** 燃料噴射ポンプのドライブギヤの歯面に向き合って回転速度センサが取り付けられ，エンジンの回転速度を検出してECUに送る．

4. ECUの機能

① **燃料噴射時期の制御と補正** 図7・19のように，各センサから送られる実運転時のデータにもとづき，ECU内で目標噴射時期を決定し，タイミングコントロールバルブに作動の電気信号を送る．

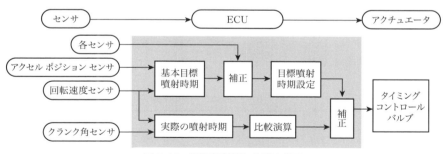

図7・19 燃料噴射時期の制御と補正

② **燃料噴射量の制御と補正** 図7・20ように，各センサから送られる実運転時のデータにもとづき，ECU内で最終噴射量を決め，電磁スピルバルブに作動の電子信号を送る．

7章 ディーゼルエンジン

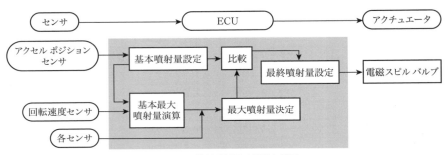

図7・20 燃料噴射量の制御と補正

③ **ダイアグノーシス（自己診断）機能** 各部に配置されたセンサ，アクチュエータ，ワイヤハーネス，スイッチなどの不具合を自己診断し，故障している部分を表示する機能である．

④ **フェイルセーフ（自己修正）機能** エンジンにフェイル（不具合）が生じ，センサが異常信号を発したとき，その状態で停止させるか，擬似信号を出して運転を続けるかを判断し，エンジンをセーフ（安全）サイドに制御する機能である．

⑤ **フィードバック機能** 各センサから送られた情報をECUで演算し，アクチュエータに制御信号を発信した後，再度，制御後の状態を帰還させ補正を行い，より精密なコントロールを行う機能である．

⑥ **バックアップ機能** センサに不具合が生じても，ECUがそのセンサの出力信号を無視し，あらかじめ組み込んであるプログラムなどで，エンジンの運転が継続できるようにする機能である．

5. アクチュエータの作動

アクチュエータは，ECUから信号を受けて，実際に作動を行う部分である．表7・6に各装置とその作動を示す．

表7・5 アクチュエータの作動

装置		作動
列型	コントロールロッドアクチュエータ	ECUからの電気信号を受けて作動し，列型の燃料噴射ポンプのタイミングロッドを操作．
	プリストロークアクチュエータ	タイミングロッドを操作し，エンジンの運転に最適なプランジャストローク位置に作動．
分配型	タイミングコントロールバルブ	タイマピストンの高圧側と低圧側の燃料の通路を開閉して燃料噴射時期を制御する．
	電磁スピルバルブ	プレッシャチャンバ内の燃料を流出させ，噴射量を制御する．

7・5　ユニットインジェクタ式燃料噴射ポンプ

　機械的な燃料加圧機構と燃料噴射ノズルを一体化した方式である．燃料噴射の制御には電子制御電磁バルブが使われ，1回の噴射を数段に分けて噴射する多段噴射も可能である．ノズルごとに加圧機構をもち，従来型の噴射ポンプでは不可能な超高圧燃料噴射が可能であるため，燃料の微粒化による完全燃焼ができ，燃費，出力などの改善に効果がある．

7・6　コモンレール式燃料噴射システム

　コモンレール式燃料噴射システム（common rail fuel injection system：蓄圧式燃料供給システム）は，燃料を従来のポンプで発生した圧力よりもはるかに高い圧力で共通のパイプ（コモンレール）に蓄え，各シリンダへと供給する**燃料噴射システム**である．

1.　構成と作動

　図 7・21 に示すように，ECU，コモンレール，サプライポンプ，インジェクタと各センサから構成される．

　燃料はサプライポンプにより昇圧され，コモンレールに蓄圧される．ECUからの電気信号により，インジェクタの先端よりシリンダに燃料の噴射が行われる．この方式

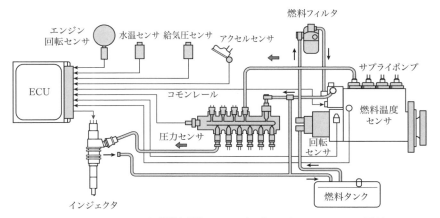

図 7・21　コモンレール式燃料噴射システム〔三菱ふそうトラック・バス(株)〕

は，次のような特徴をもっている．
① 高圧噴射ができる．
② エンジンの回転数にかかわりなく自由に噴射圧力を制御できる．
③ 1燃焼サイクル当たり，4～5回の多段階に分けて噴射が行われる．
(パイロット噴射 → プレ噴射 → メーン噴射 → アフタ噴射 → ポスト噴射)
④ 電子制御との組合わせにより，高い精度と自由度のある噴射ができるなど，負荷の変動や回転数の変化に短い時間で対応できる．

2. インジェクタ

燃料噴射ノズルの噴射弁の開閉を，電子制御を利用してタイムリーに行うノズルである（図7·22）．コモンレール式燃料噴射システムの燃料噴射ノズルとして用いられる．インジェクタのソレノイド（電磁弁）に通電されると，二方弁が引き上げられ，コモンレールより燃料が吸入される．燃料噴射を約180 MPaの高圧にできるとともに，1燃焼サイクル当たり4～5回の燃料噴射ができる．主噴射の前に少量の噴射（パイロット噴射）を行うことで，エンジン騒音を低下させる効果もある．

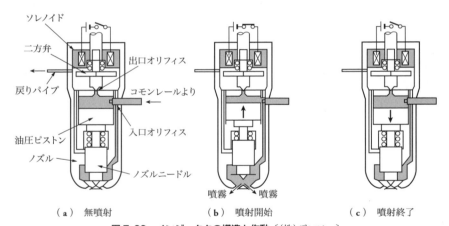

図7·22 インジェクタの構造と作動〔(株)デンソー〕

3. サプライポンプ

コモンレール式燃料噴射システムのサプライポンプ（supply pump）は，高圧燃料圧送ポンプで，加圧部分にはロータリ式や2気筒列型シリンダ式が使われる．燃料を約180 MPaの圧力に昇圧してコモンレールに蓄圧する．

7・7 ガバナ

　ディーゼルエンジンの回転速度は，燃料の噴射量で調節されるが，燃料噴射量が少ない低速回転では変動が大きく，回転が不安定になる．そこで，エンジンの回転数を安定・調速させるために，燃料噴射ポンプに**ガバナ**（governor：**調速機**）が用いられる．
　ガバナを機構上から分類すると，機械式ガバナ（メカニカルガバナ）と電子制御式ガバナに分けられる．機能上から分類すると，アイドリングと最高回転速度だけを調速するミニマムマキシマムスピードガバナや，低速から高速まで全回転域を調節するオールスピードガバナ，これら両方の機能を複合したコンバインドガバナ（両用ガバナ）に分けられる．

1. メカニカルガバナ

　噴射ポンプのカム軸にフライウェイト（遠心おもり）を取り付け，リンク作用によってコントロールラックと連結している．エンジンの回転数が上昇すると，カム軸の回転速度が増大し，フライウェイトは，遠心力によって外側に押し出されてシフタがフローティングレバーを押し，コントロールラックを減量方向に動かし，燃料の噴射量を減少させながら，一定の回転速度を保つ．
　図7・23は，列型噴射ポンプの両用ガバナの例を示したものである．始動時にはコン

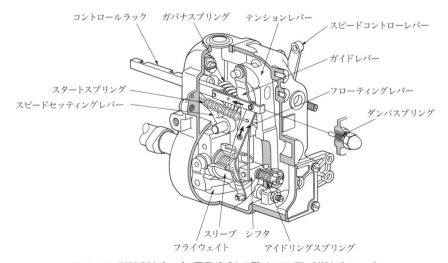

図7・23　列型噴射ポンプの両用ガバナの例（RFD型）〔(株)ボッシュ〕

トロールラックが燃料噴射量増方向（左方向）に押され，常用回転時にはフライウェイトが開いて，コントロールラックを燃料噴射量増の方向に制御する．

図7・24は，分配型噴射ポンプのオールスピードガバナの例を示したものである．

図7・25(a)にその断面構造を示す．

始動時には，同図(b)のように，フライウェイトが閉じられ，ガバナスリーブが左に移動する．コントロールスリーブが燃料噴射量増方向（右方向）に押され，有効ストロークを大きくし，エンジンの始動性をよくする．エンジンの回転が上昇すると，遠心力によりフライウェイトが同図(c)のように開く．アクセルペダルが任意の位置では，ガバナスプリングのばね力が変化し，コントロールスリーブの有効ストロークを小さくし，無負荷最高回転速度などの噴射量を制御し，最高回転を維持する．

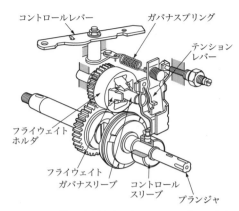

図7・24　分配型噴射ポンプのオールスピードガバナの例

2　電子制御式ガバナ

電子制御式燃料噴射ポンプのECUに，燃料噴射量を制御する装置も内蔵されている．エンジンに取り付けられた各センサからのデータは電気信号としてECUに送られ，最良の噴射量を演算してアクチュエータ部に制御信号を送り，燃料噴射量の調節を行う．

7・8　タイマ

図7・26(a)のように，ディーゼルエンジンは，燃料噴射からやや遅れて着火・燃焼が始まる．これを**着火遅れ**という．着火遅れは，エンジンの回転速度によって変わる．そこで，燃料を噴射する時期をエンジンの回転速度の高低に応じて変化させるために，噴射ポンプに**タイマ**（timer：**燃料噴射時期調節機**）が用いられる．エンジンの回転速度が速くなり，上死点より早めに噴射する時期を進めることを**進角する**という〔同図(b)〕．

タイマには，オートマチックタイマと電子制御式タイマがある．

タイマ | 7·8 | 137

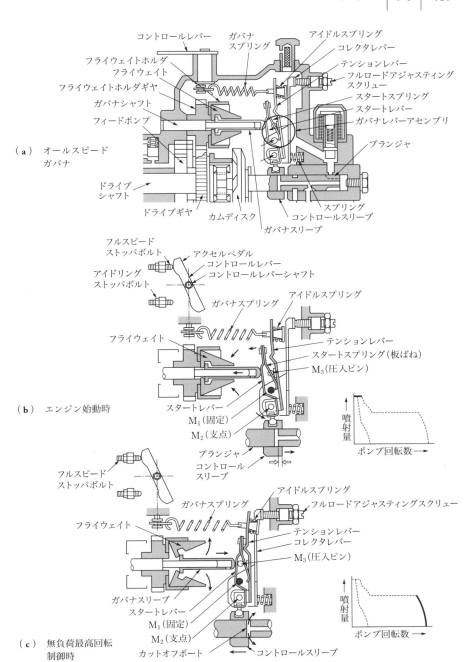

図 7·25 分配型噴射ポンプのオールスピードガバナの構造

1. オートマチックタイマ

オートマチックタイマは（automatic timer：自動調節式タイマ），フライウェイトの遠心力やスプリングのバランスを利用して噴射ポンプのコントロールラックの動きと連動させ，自動的に噴射時期を調節するものある．

タイマには，図7・27のように標準型，偏心カム型や油圧式などがある．これらは，機械式タイマであり，現在では，これらに電子制御技術を組み合わせた電子制御式タイマが多く使われている．

2. 電子制御式タイマ

電子制御式燃料噴射ポンプのECUに，燃料噴射時期を制御する装置も内蔵されている．エンジンに取り付けられた各センサからのデータは電気信号としてECUに送られ，最良の噴射時期を演算してアクチュエータ部に制御信号を送り，燃料噴射時期の調節を行う．

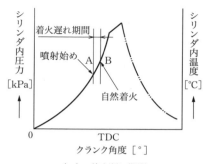

(a) 着火遅れ期間

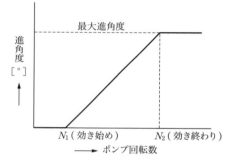

(b) 最大進角度

図7・26 着火遅れ期間と最大進角度

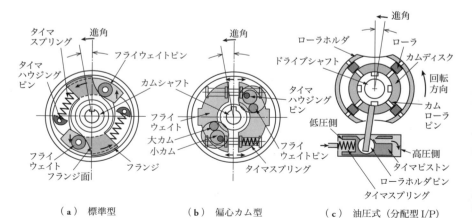

(a) 標準型　　(b) 偏心カム型　　(c) 油圧式（分配型 I/P）

図7・27 オートマチックタイマの種類

7·9　エンジン始動装置

ガソリンエンジンと同様にスタータによって始動するが，船舶用など大型エンジンでは，圧縮空気始動装置で始動する場合がある．

1. スタータ

自動車用ディーゼルエンジンは，ガソリンエンジンと同様に，バッテリを電源としてスタータによって始動させる電気始動装置を用いている．ディーゼルエンジンでは，始動時に高い圧縮圧力に反しながらクランク軸を回転させるため，強力なスタータが要求される．一般に，24 V のバッテリで 5～7 kW 程度の直巻き電動機，または回転数を減速し，回転トルクを上昇させた**リダクションスタータ**が用いられる．また，ディーゼルエンジンでは，始動を容易にするため，次のような補助装置が設けられている．

2. 予熱システム

ディーゼルエンジンは自己着火であるため，寒冷時の始動は困難となる．このため，予燃焼室式や渦流室式エンジンでは，燃焼室の燃料が噴射される先端付近に，電気で加熱する**予熱装置**（preheating system）として**グロープラグ**（glow plug）を備え，始動直前に燃焼室を予熱してから始動する．グロープラグには，コイルタイプと，コイルを被覆したシーズドタイプがある．ほかに，急速に予熱するための自己温度制御型グロープラグ〔図 4·28（a）〕や，セラミックス型グロープラグ〔同図（b）〕が多く用いられる．

電子制御式グロープラグのコントロールシステムは図 4·29 のように作動する．

① **予熱**　イグニッションスイッチを ON（ING）に回すと，トランジスタ Tr_2 からグロープラグリレー No. 1 が作動してグロープラグを予熱をする．

② **始動**　ST で始動を始める．オルタネータが回転し，中性点 N 端子に電圧が発生すると，Tr_3 が OFF になり，グロープラグリレー No. 2 を遮断する．

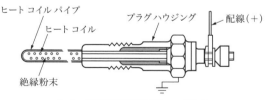

（a）自己温度制御型グロープラグ

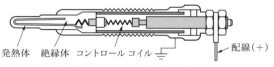

（b）セラミックス型グロープラグ

図 7·28　グロープラグ

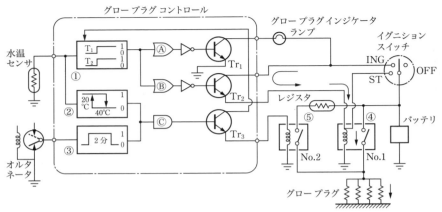

① プレヒーティングタイマ　　② アフタグロー水温検出　　③ アフタグロータイマ
④ グロープラグリレー No.1　　⑤ グロープラグリレー No.2

図7・29 電子制御式グロープラグのコントロールシステム

③ **アフタグロー**　水温が40°C以下，または2分間は，トランジスタ Tr_3 からグロープラグリレー No.2 を通して予熱を続ける．

3. インテークエアヒータ

直接噴射式エンジンは副室をもたない形式のため，グロープラグを取り付けることができない．これに代わるものとして，吸入する空気を加熱するために，吸入マニホールドの途中に電熱の金網を取り付け，スタータを回転すると通過する空気を加熱する**インテークエアヒータ**（intake air heater）がある．

7・10　スーパチャージャ

エンジンに供給する空気を空気圧縮機で加圧し，多くの酸素と混合ガスをシリンダ内に送り込むことを**過給**（supercharge）といい，この空気圧縮機を**スーパチャージャ**（supercharger）と呼ぶ．スーパチャージャによって高められた吸込み圧力を**ブースト圧**という．スーパチャージャを用いると，エンジンの出力が一般に約20～30%増加する．

スーパチャージャには，ルーツ式，ベーン式，遠心式などがあるが，現在は，排気ガスを利用した遠心式の排気タービン過給機が多く使われている．

1. 排気タービンターボチャージャ

排気ガスのもつ残留エネルギーでタービンホイールを回転させ，同軸上のコンプレッサホイールの回転により，吸入空気を過給するものである．高圧縮により空気の温度が高くなるため，ターボチャージャとエンジンとの間に**インタークーラ**を取り付け，吸入空気を冷却する方法もとられている．

① **排気タービンターボチャージャ**　ターボチャージャ〔図 7・30(a)〕は，低速回転では排気ガスの排出が少ないため，低速時のトルク不足や急に加速したときの**ターボラグ**（過給遅れ）が生じる．

② **可変容量ターボチャージャ**　ターボラグ（ターボ作動遅れ）を解消するためノズルベーンの開度を可変としたものである〔図 7・30(b)〕．

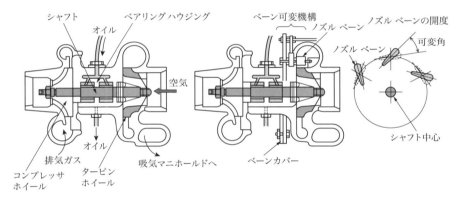

（a）排気タービンターボチャージャ　　　（b）可変容量ターボチャージャ

図 7・30　ターボチャージャ

③ **2 ステージターボチャージャ**　電子制御により，エンジン低速回転時は小型タービンを，高速回転域では大型タービンを用い，2 段過給に切り替える方式である．

④ **モーターアシストターボチャージャ**　ターボチャージャ本体のシャフトにゼネレータおよびモータを組み込む方式である．タービンの高速回転時にゼネレータで発電し，低速回転時はモータの回転で過給を補助する方式である．

2. 電気駆動式過給機

電子制御と組み合わせた電気駆動式過給機が開発されている．

過給器本体は，コンプレッサホイールと電動機が一体化され，小電力で起電するため，インバータで制御する方式となっている．

7章 | 練習問題

7·1 ディーゼルエンジンの燃焼室の種類について調べよう.

7·2 ディーゼルエンジンの燃焼過程について調べよう.

7·3 ディーゼルエンジンのガバナとタイマの役目について調べよう.

7·4 ディーゼルエンジンの電子制御式燃料噴射ポンプシステムの構成について調べよう.

7·5 コモンレール式燃料噴射システムについて調べよう.

8
ロータリエンジン

8·1 ロータリエンジンとは

　レシプロエンジンは，作動中にピストンが上死点と下死点で瞬間的に停止する．また，ピストン，コンロッド，バルブの開閉など往復運動部分に慣性が起こり，エンジンの回転数などが制限される．このため，往復運動をなくしてピストンの回転から直接，動力を取り出そうとする回転ピストンエンジンの研究が行われてきた．

　1959年，ドイツのNSU社が，バンケル（Felix Wankel）博士の考案したバンケルエンジンの試作に成功した．バンケルエンジンは，**ロータ**（rotor：回転子）が回転するので，**ロータリエンジン**（rotary engine）と呼ばれる．

　図8·1に，日本で実用化された自動車用ロータリエンジンの構造の例を示す．

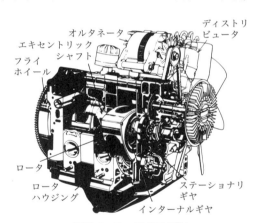

図8·1　ロータリエンジン

8·2 ロータリエンジンの原理

　ロータリエンジンは，エンジンの内部でロータが回転しながら，動力を発生する．エンジンの中心部の形状は，トロコイド曲線とその内包絡線との組合わせで構成されている．エンジンのハウジングの内部に三角形状のロータを入れ，ロータの内側の歯車（インターナルギヤ）に軸の外歯（ステーショナリギヤ）をかみ合わせている．ハウジング

とロータの間にできる半月形の燃焼室で燃料を燃焼させると，ロータが燃焼ガスの圧力によって回転し，歯車でかみ合う軸（エキセントリックシャフト）を直接回転させる機構になっている．

1. エピトロコイド曲線

（1）**トロコイド** 一つの円の円周状を他の円が滑らずに転動するとき，転動する円（転円）の半径上の一点が描く軌跡を**トロコイド**（trochoid）という．これにはエピトロコイドとペリトロコイドとがある．エピトロコイドはハウジングのまゆ形の基礎円となり，ペリトロコイドはロータの基礎形となる．

（2）**エピトロコイド**（epitrochoid） 基円A（半径r_1）と転円B（半径r_2）を，図8・2（a）のように，$r_1 : r_2 = 2 : 1$の大きさにとって，両円を外接させ，転円Bの中に点Pを定める．そして，基円Aを固定し，転円Bを滑らないように転動させたとき，点Pの描く軌跡は，図のように，まゆ形になる．**2節エピトロコイド**という．実際のエンジンのロータハウジングには，エピトロコイド曲線が用いられている．

2. 内包絡線

図8・2（a）において，基円A（半径r_1）と転円B（半径r_2）を，$r_1 : r_2 = 2 : 3$の大きさにとって両円を内接させ，転円Bの外に点Pを定める．そして，基円Aを固定し，転円Bを滑らないように転動させたとき，点Pの描く軌跡で，エピトロコイドと同じまゆ形が得られる．これを**ペリトロコイド**（peritrochoid）という〔図8・2（b）〕．

ペリトロコイドを基円Aと一体にし，転円Bの円周に接しながら，基円Aを転動させるとき，ペリトロコイドの描く軌跡は，図8・2（c）のようになる．図の内側にできた正三角形状の境界線は，**内包絡線**としてロータの形状となる．

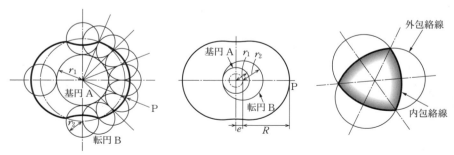

（a）エピトロコイド（ハウジング内面）　（b）ペリトロコイド　（c）内包絡線（ロータ）

図8・2　エピトロコイド曲線と内包絡線

8・3 ロータリエンジンの構造

ロータリエンジンは，ロータハウジング，ロータ，サイドハウジング，エキセントリックシャフト（偏心軸）から構成される．エピトロコイドをハウジングの内形とし，内包絡線を外形とするロータを組合わせた部分がエンジンの中心となる．これに，燃料装置，潤滑装置，冷却装置，点火装置，吸気・排気装置などの付属装置が付けられる．図8・3にロータリエンジンの基本構造を示す．

一般に，水冷式の2ロータ式ロータリエンジンが主流であるが，3ロータ式ロータリエンジンも開発されている．

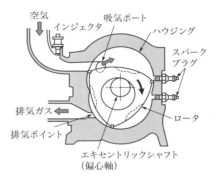

図8・3 ロータリエンジンの断面

1. ロータハウジング

ロータハウジング（rotor housing）は，図8・4(a)のようにロータリエンジンの最も基本となる構成要素で，往復動エンジンのシリンダ，シリンダヘッドに相当するものである．ロータを3方向から囲んだ三つの空間が燃焼室（作動室）となるので，2ロータ式エンジンでは，3室×2ロータ分の6つの燃焼室があることになる．

内部がエピトロコイドのまゆ形の曲面をしており，両側にサイドハウジングが組み込まれる．ハウジングには，吸気ポートや排気ポート，点火プラグの取付けねじ部が加工されている．ロータハウジングの両側にサイドハウジングが組み込まれる．吸気・排気

　　（a）ロータハウジングとロータ　　　（b）エキセントリックシャフト
図8・4 ロータハウジング，ロータ，エキセントリックシャフト

146 | **8章** | ロータリエンジン

の機構には，ロータハウジングに吸気・排気ポートを設けたペリフェラルポート（外周孔）式がある．

2. ロータ

ロータ（rotor）は，レシプロエンジンのピストンに相当するもので，外形は，図 **8·4**（**a**）に示すように，おにぎり形の内包絡線でできている．ロータの中心は中空で，偏心軸のロータ軸受にはまり，ロータの面にはたらく燃焼ガスの圧力を，動力としてエキセントリックシャフトに伝える役目をしている．また，ロータ内部のインターナルギヤは，サイドハウジングに取り付けられた中心歯車とかみ合い，ロータが，ロータハウジングの中でつねにトロコイド曲線を描いて回転するように調節している．

ロータリエンジンは，ロータ中心から偏心量 e をもつエキセントリックシャフトとかみ合い，同時にロータのインターナルギヤとサイドハウジングのステーショナリギヤがかみ合っている．

作動室には，気密を保つために，ロータの頂点および側面にアペックスシール，ガスシールがはまり，潤滑油の逃げるのを防ぐオイルシールが組み込まれている．

3. エキセントリックシャフト

エキセントリックシャフト（eccentric shaft：**偏心軸**）は，図 **8·4**（**b**）のように，ロータと同数のロータ軸受があり，トロコイド曲線を描く偏心量 e だけ偏心している．往復動内燃機関のクランク軸に相当し，エンジンの出力を取り出す重要な部分である．

4. サイドハウジング

サイドハウジング（side housing）は，ロータハウジングの側面を密閉している．中心は中空になっていて偏心軸の主軸受を支え，また，中心歯車が取り付けられてあり，ロータの内歯車とかみ合ってロータの回転を制御している．なお，壁面に吸気孔があり，混合ガスの吸入作用をする．サイドハウジングに設けた吸気・排気方式を，**サイドポート（側壁孔）式**という．

8·4 | ロータリエンジンの作動

図 **8·5** は，ロータリエンジンの作動を示したものである．

吸入行程 図中の ① で吸入孔が開き，ロータの回転とともに作動室が大きくなって，①〜④ で吸入作用が行われる．

圧縮行程 ⑤で吸入孔が閉じて，⑤～⑧で圧縮される．

点火・燃焼行程 ⑨で点火プラグによって混合気に点火され，⑩～⑫で燃焼・膨張して動力を発生する．

排気行程 ⑬で排気孔が開き，⑬～⑱で排気作用が行われて1サイクルを完了し，再び①に戻って吸入作用が始まる．

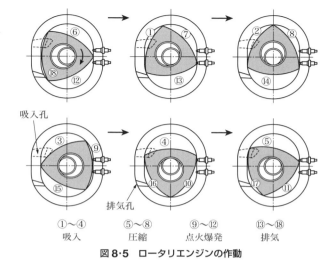

図8・5 ロータリエンジンの作動

したがって，ロータが1回転すると，ロータの3面がそれぞれ吸入 → 圧縮 → 燃焼 → 排気と1サイクルするため，合計3つのサイクルを行うことになる．これは3シリンダをもった4サイクルガソリンエンジンの作動と同じになる．

8・5 回転動力の発生

燃焼中，ロータは図8・6に示す位置にあり，燃焼ガスの圧力は，ロータの中心を通って相対する頂点の方向に力がかかる．この力 P_G は，エキセントリックシャフトの回転中心 O 方向の分力 P_B と，接線方向の分力 P_t の合力となる．この回転方向の P_t がエキ

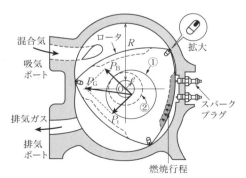

① インターナルギヤ
② ステーショナリギヤ

e：エキセントリックシャフトの偏心量
R：創成半径
P_t：エキセントリックシャフトを回転させる力
回転トルク $T = e \times P_t$

図8・6 回転動力の発生

セントリックシャフトを回転させる力となり，回転トルクは偏心量 e と P_t の積で表される．すなわち，ロータは，ロータ中心に対し偏心量 e をもって遊星運動を行いながら燃焼ガスの圧力を受け，回転トルク（$e \times P_t$）に変え，エキセントリックシャフトを回転させ，回転動力を発生させる．

図中の R を創成半径といい，R/e の値（ペリトロコイド曲線のくびれの大小を表す）は，ロータリエンジン設計の重要な値で，R/e を7前後にして設計されている．マツダロータリでは $R/e = 7.3$ である．

8·6 ロータとエキセントリックシャフトの回転比

ロータとエキセントリックシャフトの回転比をみると，ロータの1回転に対し，エキセントリックシャフトは3回転する．図 **8·7** に示すように，転円Bの中心が角度 θ だけ回転し，B_1 に移動したとすると，両円の接点は C が C_1 に移動し，トロコイド曲線状の点 P は P_1 に移動する．P_1 と B_1 を結んだ線と円 B_1 の円周との交点を D とすれば，円弧 CC_1 = 円弧 C_1D である．ここで，円 A の半径を r_1，円 B の半径を r_2 とすれば，円弧 $CC_1 = r_1 \times \theta$，円弧 $C_1D = r_2 \times \angle C_1B_1D$ となる．しかるに，$r_1 : r_2 = 2 : 3$ であり，2つの円弧の長さは等しいから，角度 $C_1B_1D = (2/3)\theta$ となる．ここで，図の $\angle P_1B_1F$ を θ_1 とすれば，

$$\theta_1 = \angle EB_1F - \angle EB_1P_1 = \theta - (2/3)\theta = (1/3)\theta$$

となり，中心の回転速度に対し，ロータは 1/3 の速度で回転していることがわかる．すなわち，ロータ1回転でエキセントリックシャフトは3回転することになる．

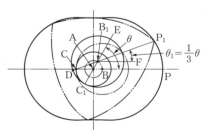

図 8·7 ロータとエキセントリックシャフトの回転比

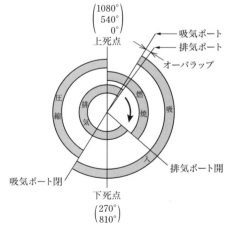

図 8·8 ロータリエンジンのポートタイミングダイヤグラム

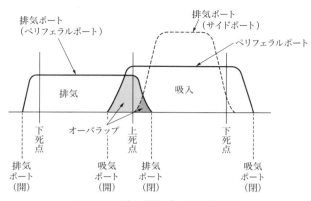

図 8·9 吸気・排気ポートの開閉時期

図 8·8 にロータリエンジンのポートタイミングダイヤグラム，図 8·9 に吸気・排気ポートの開閉時期を示す．

8·7 ロータリエンジンの燃料装置

レシプロエンジンと同様に，キャブレター式と電子制御式燃料噴射装置が用いられる．キャブレターは，2ロータ式では2段作動の2バレルキャブレターを2個結合したデュアル式キャブレターが用いられる．3ロータ式ロータリエンジンでは，電子制御式燃料噴射装置が用いられている．最近の研究では，水素を燃料とした水素燃料ロータリエンジンの開発が進められている．

8章 練習問題

8·1 ロータリエンジンの原理について調べよう．
8·2 ロータリエンジンの作動について調べよう．
8·3 ロータリエンジンについて，「ロータ1回転でエキセントリックシャフトは3回転する」ことについて調べよう．

9

特殊応用内燃機関とハイブリッドシステム

　本章では，自動車用内燃機関のほかの往復動内燃機関として，船舶用，農業用，ガス機関などのエンジンの技術を紹介する．

9・1　船舶用エンジン

　一般に，船舶のエンジンは，船体中央下部に装備され，推進軸でスクリューを回転させることで，船体を前・後進させる．

　小型船舶用としては，エンジン装置が取外しできる船外機がある．これは，通常，ガソリンエンジンで，下部にスクリュー装置が取り付けられている．

1.　焼玉エンジン

　構造や機能がディーゼルエンジンと似ているので，セミディーゼルエンジン（semi-diesel engine）とも呼ばれている．

　燃料には，低質な重油を使用できる特徴がある．しかし，燃料消費率が大きく，性能もあまりよくない．主として，小型船舶用エンジンとして使用されていた．

　このエンジンは，クランクケース掃気の2サイクルエンジンで，図9・1に示すように，シリンダヘッドに"焼玉"と呼ぶ燃焼室を

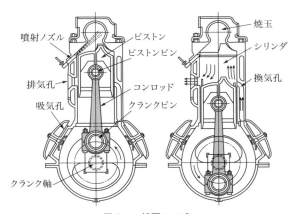

図9・1　焼玉エンジン

設け，その上部に燃料噴射ノズルが取り付けられている．

エンジンを始動させるときは，重油バーナで焼玉の上部を外部から加熱し，その後に燃料を噴射して燃焼を起こさせる．一度燃焼が起これば，焼玉はつねに高温に保たれ，焼玉の熱と空気の圧縮熱によって，噴射された燃料は，引き続き着火・燃焼し，連続運転が行われる．空気の圧縮圧力は，ディーゼルエンジンよりも比較的小さく，燃料の噴射圧力（2.94～6.85 MPa）も少なくてよい．

2. 大型ディーゼルエンジン

船舶用エンジンとして大型・中型ディーゼルエンジンが実用化され，近海・遠洋用の漁船から観光用まで，船舶全般に使われている．

A重油など良質な重油を燃料としている．大型ディーゼルエンジンには2サイクルエンジンが採用されている．また，過給器の採用は比較的早く，現在は広く普及している．

図9・2に船舶用大型ディーゼルエンジンの例をあげる．

型式　6NY16A
シリンダ数　6
シリンダ径 × ストローク　160 × 200 mm
定格出力 / 回転数　478 kW/160 min^{-1}

図9・2　大型ディーゼルエンジン〔ヤンマー(株)〕

9・2 農業用エンジン

農業用エンジンは，古くは農業発動機と呼ばれ，脱穀機，籾すり機，小型ポンプ，耕運機など，また小型漁船にも用いられていた．当初，燃料は，灯油または軽油を用いたが，気化しにくいので始動時にはガソリンを使用し，エンジンが暖機してから灯油や軽油に切替える構造であった．

馬力数は約2～19 kW程度で，4サイクルが多く，点火にはマグネトー点火方式が用いられる．通常，一定低速回転速度で運転され，フライウェイトを用いた遠心式ガバナが使わる．現在は，軽油使用の4サイクルディーゼルエンジンが主に使われている．

9·3　自動車用ガスエンジン

1. 液化石油ガスエンジン

液化石油ガスエンジンは，**LPG エンジン**（liquefied petroleum gas engine）と呼ばれ，低価格な液化石油ガスを燃料とするもので，主にタクシーなどに使用されている．

燃料としては，プロパンやブタンなどの液化石油ガス（LPG）が用いられ，ボンベに，常温で約 200～800 kPa に加圧され，液体の状態で貯蔵されている．

エンジンの基本構造はガソリンエンジンと同じであるが，図 9·3 に示すように，ボンベ内に高圧で充てんされた液化石油ガスを，減圧して気化する装置を備えている．

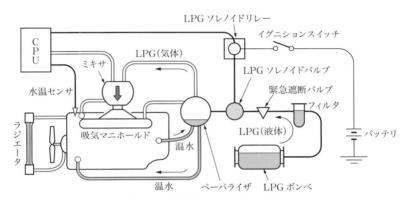

図 9·3　液化石油ガスエンジンの概要

（1）**燃料供給装置の構成**　燃料供給装置の主要部分は，LPG ボンベと気化装置である．気化装置はベーパライザ（vaporizer：減圧蒸発器）とミキサ（gas mixer：混合器）からなり，ボンベから LPG ソレノイドバルブまでの高圧部には，フィルタと緊急遮断用バルブが設けられている．

（2）**ベーパライザ**　ボンベから供給された液化石油ガスをベーパライザに導いて，大気圧まで減圧させると，ガスは気体となる．液体の燃料が気化するときに気化熱を奪い，周囲を凍結させるので，ベーパライザの外周にジャケットを設け，エンジンからの温水を循環させている．

（3）**ミキサ**　ミキサは，ベーパライザで気化した液化石油ガスと空気を適当な割合に混合し，シリンダに送る装置である．

LPG ソレノイドバルブは，イグニッションスイッチの切替えにより燃料の流れを ON・OFF し，**プレヒータ**（preheater：**予熱器**）を用いて，燃料が気化しやすいよう

に予熱するはたらきをしている.

ガソリンと比較すると,液化石油ガスは,オクタン価が100〜110と高く,圧縮比も高くでき,ノッキングもしない.また,ガソリンエンジンより燃料消費が少ないだけでなく,燃料の価格も安い.潤滑油の消耗も1/2〜1/3で,完全燃焼のためにカーボンの発生が少なく,潤滑油の色も交換時とほとんど変化しない.エンジン各部の摩耗も少ないので,エンジンの整備費はほぼ半減する.

排気ガスの中のNO_xはガソリンエンジンの場合より多くなる傾向があるが,CO,HCは少なく,大気汚染の度合いも少ない.

近年では,電子制御式LPG燃料装置が採用され,インジェクタによりシリンダへ燃料噴射が行われている.

（4）**用途**　経済的な観点から,比較的走行距離の多いタクシーや自動車学校の教習車に適している.

2. 圧縮天然ガスエンジン

液化天然ガス（liquefied natural gas：LNG）を真空断熱燃料ボンベに充てんし,LPGエンジンと同様に気化し,空気と混合して使用するエンジンである.大型バスのエンジンとして用いられている.

3. 天然ガスエンジン

ガソリンの代わりに天然ガスを空気と混合して,エンジンに圧縮した混合気を噴射して,燃焼を起こすものである.

9·4 特殊応用内燃機関

これまでのエンジンの機構をベースに,ガソリンや軽油の代わりとなる代替燃料を用いた応用エンジンの開発が進められている.

①　バイオエタノールエンジン　石油系燃料に代わる燃料の一つとして,バイオエタノールをガソリンと混合して使用するエンジンである.

②　バイオディーゼルエンジン　ディーゼルエンジンにBDF（バイオディーゼル燃料）を用いて運転するエンジンである.

③　水素ガスエンジン　水素を冷却・液化して水素吸蔵合金タンクに貯蔵し,使用時に常温の水素ガスに戻して,空気と混合して使用するものである.ロータリエンジンに使用される燃料として研究されている.

9·5 ハイブリッドシステム

　内燃機関を主にしながら，他の原動機で補助（アシスト）するハイブリッド化が進んでいる．電気エネルギーを発生する燃料電池などのほかに，電気エネルギーをもとに回転動力を発生するモータなどを複合的に組合わせた各種の方式が実用化されている．

1. 燃料電池

　図 9·4 のように，水を電気分解すると酸素と水素ができる．反対に，酸素と水素を化合すると，電気が発生しながら水ができる．この原理を応用して電気を起こし，バッテリに充電する装置が燃料電池である．

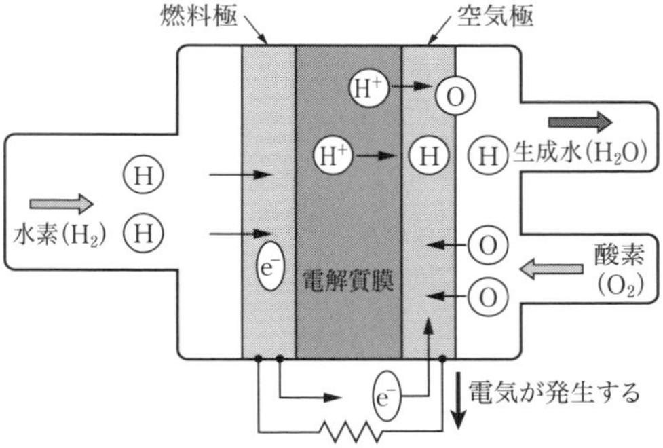

　燃料電池には，次のようなメリットがある．

　① 公害となるガスの排出がないクリーンなエネルギーである．

図 9·4　燃料電池の原理

　② 装置が小型・軽量にでき，移動も可能である．

　③ 水素の製造技術が進展すれば，将来のエネルギーとして使用できる．

　燃料電池は，水素を燃料として，電解質によって次のように分類され，研究・開発が進んでいる．

　① 固体高分子形燃料電池（PEFC）

　② リン酸形燃料電池（PAFC）

　③ 溶融炭酸塩形燃料電池（MCFC）

　④ 固体酸化物形燃料電池（SOFC）

　⑤ アルカリ形燃料電池（AFC）

　このエネルギーでモータを回して走行する自動車を**燃料電池自動車**（**FCV**：fuel cell vehicle）という．近年，燃料電池使用の二輪車も研究されている．

2. ハイブリッドシステム

　これまで自動車などの交通機械や産業用機械には，1 種類のエンジンしか用いられなかった．このため，トルクが低速と高速の回転では低くなるなど，変速機の操作のみで

はカバーできない短所をもっていた．

これらの短所を改善する方法として，複数のエンジンを複合（ハイブリッド）させ，それぞれの長所の部分で使用するハイブリッドシステムが開発されている．

たとえば，エンジンと電気モータを複合させた自動車では，発進時にバッテリからの電気エネルギーの供給を受け，静かに直流モータで走り出し，一定速度になれば，エンジンに切替えて運転する．エンジン走行中にはバッテリに補充電をし，制動時には，回生ブレーキを用いて追加充電を行い，エネルギーの効率も上げる工夫をしている．

（1） 内燃機関と他の原動機との組合わせ　エンジンとのハイブリッドには，表9・1のように，用途によって多くの複合方式が考えられる．

伝達方法には，図9・5(a)に示すシリーズ（直列）タイプと，同図(b)に示すパラレル（並列）タイプ，そしてシリーズパラレルタイプがある．図9・6にエンジンとモータと電池を取り付けたハイブリッドシステムの組合わせ例を示す．

表9・1　動力機械のハイブリッドシステムの例

用途	複合方式
自動車用	ガソリンエンジン＋バッテリ＋電気モータ
	ガソリンエンジン＋燃料電池モータ
	ディーゼルエンジン＋電気モータ
船舶用	ディーゼルエンジン＋電気モータ＋帆
鉄道用	ディーゼルエンジン＋電気モータ
産業用	ディーゼルエンジン＋電気モータ

自動車用原動機としては，次のようなハイブリッドシステムが実用化されてれる．

① 制動時の回生エネルギーをバッテリに充電しながら走行する**マイクロハイブリッド**．

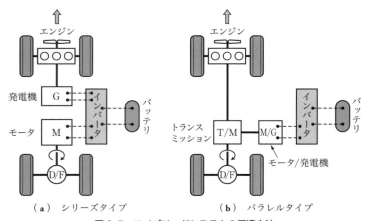

図9・5　ハイブリッドシステムの伝達方法
（a）シリーズタイプ　　（b）パラレルタイプ

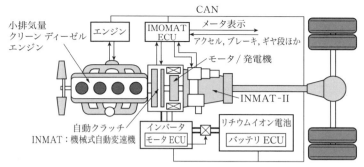

図 9・6 ハイブリッドシステムの例（三菱・キャンター：エンジンテクノロジー，No.45 より）

② ハイブリッドシステムで走行する**ストロングハイブリッド**．
③ コンセントから充電したバッテリで走行する**プラグインハイブリッド**．

（2）　電気自動車のインフラ　バッテリと電気モータを組み合わせた電気自動車では，バッテリへの補充電のインフラとして，次のものがある．

① 充電装置による充電．
② 家庭用コンセントからの充電（プラグイン充電）．
③ 満充電バッテリとの交換．

9章 | 練習問題

9・1 自動車用ガスエンジンの種類について述べなさい．
9・2 特殊応用内燃機関の種類について述べなさい．

10

ガスタービンエンジン

　本章では，ジェットエンジンやロケットエンジンにつながるガスタービンエンジンの原理と構造を解説する．

10・1 ガスタービンエンジンの原理

　ガスタービンエンジン（gas-turbine engine）は，エンジンの内部で燃料を燃焼させ，その高温・高圧の膨張した燃焼ガスによってタービンを回転して回転動力を発生させる原動機である（図 10・1）．

　ガスタービンエンジンは，空気圧縮機，燃焼器，タービン，出力軸から構成される．また，熱効率をよくするために，熱交換器を備えている．

　エンジン本体の筒状のケーシング（casing）の内側に，多数の羽根を付けた**ノズル羽根**（nozzle blede）が固定されており，この後部に，中心から放射状に多数の羽根を植え付けた**タービン羽根**（turbine blede）がある．タービン羽根は，中心を軸として車輪のように回転できるようになっている．

　燃料の爆発的な燃焼によって生じた高圧の燃焼ガスは，ノズル羽根の間から噴出し，タービン羽根に当たり，風車が回るのと同じ原理によってタービン羽根が回転する．

　この機構を**タービン**（turbine）と呼ぶ．

図 10・1　ガスタービンエンジン〔(株) IHI〕

10·2 ガスタービンエンジンの構成

ガスタービンエンジンの主要部の構成は，次のとおりである（図 10·2）.

① **空気取入れ部** 空気取入れ口・空気清浄器

② **燃焼部** エアコンプレッサ・燃料噴射装置・燃焼器

③ **動力発生部** タービン

④ **排気部**

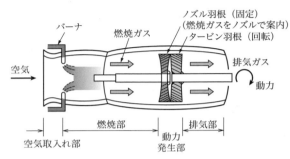

図 10·2 ガスタービンの構成

1. 空気圧縮機

空気圧縮機（air compressor：エアコンプレッサ）は，タービンによって駆動され，遠心式コンプレッサと軸流式コンプレッサが用いられている．遠心式は，遠心式過給器とほぼ同じで，1段で大きな圧力が得られるので，比較的小型のエンジンに適する．軸流式は，構造も複雑で1段の圧力比は小さいので，多くの段数を直列にして用いる．これを多段式軸流コンプレッサと呼ぶ．この圧縮機は，効率がよく，空気量も大きくできるので，大型エンジンに広く用いられている．

2. 燃焼器

燃焼器（combustor：コンバスタ）は，空気と燃料を混合して連続的に燃焼させる装置で，圧縮空気が流入する多数の穴があり，燃料を連続的に噴射する燃料噴射ノズルや，始動時の点火装置が取り付けられている．

図 10·3 は，**筒形燃焼器**（can-type combustor）と呼ばれる燃焼器で，内

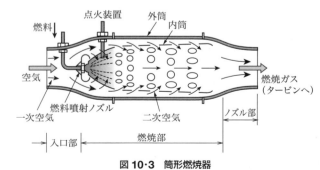

図 10·3 筒形燃焼器

筒・外筒の二重の円筒からできていて，内筒内で燃焼が行われる．内筒の頭部には，燃料噴射ノズルがあり，燃料ポンプによって送られた燃料が連続噴射される．

エアコンプレッサから送られた空気は，内筒頭部の空気取入れ口から内筒内に送られ，燃料1に対して，空気15〜18の混合比で燃料と混合されて完全燃焼を行う．一部の空気は，内筒と外筒の輪状のすきまを流れ，内筒を冷却しながら，内筒の周囲にあけられた穴から内筒に流入し，燃焼ガスと混合してガスの温度を下げ，適当な温度を保つように工夫されている．燃料は一般に重油が用いられるが，航空機用は，灯油・軽油に近い油性を混合した航空機用燃料が使われている．

3. タービン

燃焼器で燃焼したガスは，ケーシングに固定されているノズル羽根から，高圧・高速度で噴出する．ノズル羽根のうしろに，わずかなすきまを隔てて，図 10・4 に示すような曲面の羽根を放射状に等間隔に植え込んだタービン羽根がある．噴出ガスは，タービン羽根に高速で吹き付けられて，タービン羽根を回転させる．

ノズル羽根は，燃焼ガスの熱や圧力のエネルギーを運動エネルギーに変える役目をし，タービン羽根は，その運動エネルギーを動力に変えるはたらきをする．これらの羽根は，700〜1400℃に達する高温の燃焼ガスに直接さらされるため，特殊耐熱合金が使用される．

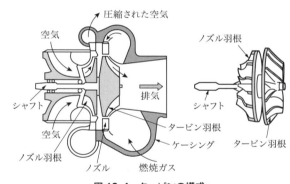

図 10・4　タービンの構成

4. 熱交換器

熱交換器（heat exchanger：ヒートエクスチャンジャ）は，コンプレッサと燃焼器の間に取り付けられている．多数の管を並べて，管の内側を空気が，外側を排気ガスが流れて，排気熱を管内の空気に伝え，空気の温度を高くするしくみになっている．排気熱量の回収率は 50〜80% くらいである．

10·3 開放サイクルガスタービン

ガスタービンは，サイクルによって，開放サイクルガスタービンと密閉サイクルガスタービンに大別される．

開放サイクルとは，燃焼ガスがタービンを回して動力を発生させ，仕事を終えた燃焼ガスが，大気中に放出されるサイクルであり，このようなサイクルを行うガスタービンを**開放サイクルガスタービン**という．

開放サイクルガスタービンは，構造が比較的簡単で，その主要部分は，空気圧縮機，燃焼器，タービンからなり，熱交換機が併用されている．これらの組合わせによって各種のガスタービンがあるが，その性能はそれぞれ異なっている．

1. 空気圧縮機とタービンの関係による分類

空気圧縮機とタービンとの関係から分類すると，次のような種類がある．

（1） **1軸式ガスタービン** 図10·5のように，コンプレッサ，タービン，出力軸が1本の軸によって直結されている．したがって，タービンで発生される動力の60〜80%は空気圧縮機を駆動するために使われ，残りが有効出力として利用される．ポンプ，送風機，発電機などの駆動用に適している．

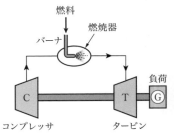

図10·5　1軸式ガスタービン（開放サイクル）

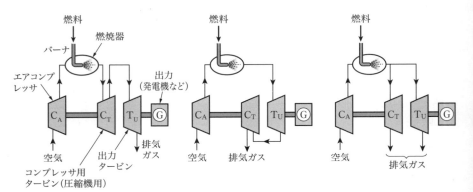

（a）直流型低圧出力タービン　　（b）直流型高圧出力タービン　　（c）並流型出力タービン

図10·6　2軸式ガスタービン

（2） 2軸式ガスタービン　タービンを2個備え，一方のタービンはコンプレッサと直結され，他方のタービンは出力軸と直結されている．前者を**コンプレッサ駆動用タービン**または**高圧タービン**といい，後者を**出力タービン**あるいは**低圧タービン**という．図10・6に示すように，コンプレッサ駆動用タービンと出力タービンは分離されている．

2軸式ガスタービンには，燃焼ガスの流れ方により，直流型低圧出力タービン，直流型高圧出力タービン，並流型出力タービンの3種類がある．低速で大きなトルクが得られるので，自動車用エンジンに適している．

（3） 3軸式ガスタービン
図10・7のように，コンプレッサを2個付けて，それぞれに直結されたタービンで駆動され，さらに出力タービンを備えている．各駆動軸は分離独立している．

2. 熱効率向上システム

開放サイクルガスタービンは，高温のガスを大気中に放出するので，排気熱を回収する熱交換器を備え，熱効率を向上させている．そのほか，熱効率を上げるために，高圧タービンと低圧タービンの間の再熱器という第二の燃焼器を備えたり，二つの圧縮機の間に中間冷却器などを備えている．

これらの装置は，その配置により，次のように分類される．

（1） 再生サイクルガスタービン　図10・8(a)のように，コンプレッサを出た空

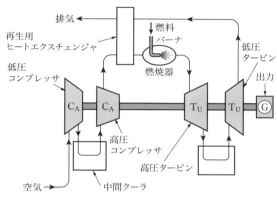

図10・7　3軸式ガスタービン（3軸中間冷却再熱再生サイクル）

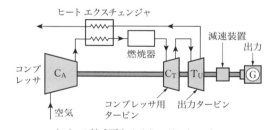

（a）2軸式再生サイクルガスタービン

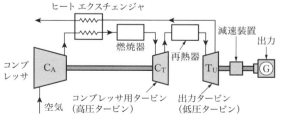

（b）2軸式再熱-再生サイクルガスタービン

図10・8　再生サイクルガスタービン

気を熱交換器で加熱して，燃焼器に送るものである．

　（2）**再熱‐再生サイクルガスタービン**　図 10·8（b）にように，熱交換器のほかに，再熱器を設けて，燃焼ガスに熱を与え，タービンの出力を増加させるものである．

　（3）**中間冷却‐再熱‐再生サイクルガスタービン**　二つのコンプレッサの中間に中間冷却器を入れ，2番目のコンプレッサに入る空気の温度を下げている．この方式は圧縮仕事が小さくてすみ，出力の損失が軽減される．この場合も熱交換器・再熱器は併用される．

10·4　密閉サイクルガスタービン

　図 10·9 に示すように，密閉したエンジン内に空気を循環させ，空気だけでタービンを回転させるもので，燃焼ガスは空気の加熱だけに使われる．コンプレッサで圧縮された空気は，まず熱交換器によって加熱される．さらに空気加熱器は，燃料燃焼装置と空気を通す多数の管を備え，管内を通る空気は，燃焼ガスによって高温・高圧になる．その空気をタービンノズルから噴出させてタービンを回転させ，仕事を終えた空気は，熱交換器を経て空気冷却器に送られ，ここで冷却された空気を再びコンプレッサに送り，前の作動を繰り返す．

　これはちょうど，蒸気タービンにおける蒸気の代わりに空気を用いたようなもので，燃焼ガスが直接作用しないので内燃機関の範囲から外れているが，本質的にはガスタービンと同じである．

　このガスタービンは，熱効率が高く，コンプレッサ，タービンなどを小型にでき，どんな燃料でも使うことができ，しかも，タービン羽根がガスによって汚損される心配がないなどの長所をもつ．しかし，空気加熱器の容量が大きくなり，製作費が高いのが短所である．

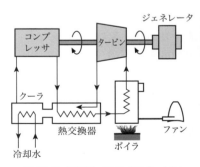

図 10·9　密閉サイクルガスタービン

10·5 ガスタービンエンジンの性能

1. サイクル

ガスタービンのサイクルは，ガソリンエンジンやディーゼルエンジンと少し異なり，ガスタービンの圧力と容積変化の理論インジケータ線図は，図 10·10 に示すようである．

① A→B　Aの状態で吸入された空気を空気圧縮機によって，Bの状態に断熱圧縮する．

② B→C　燃焼器内で燃料が噴射され，この燃料が一定圧力で燃焼されて，Q_1 を得る．

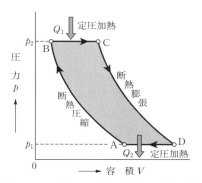

図 10·10　ガスタービンの理論インジケータ線図

③ C→D　燃焼ガスがノズル羽根，タービン羽根を通るとき，断熱膨張する．このときにタービンを回して動力を発生させる．

④ D→A　タービンを出た燃焼ガスは，大気中に放出され，熱量 Q_2 を失う．圧力は一定．

これはガスタービンの標準サイクルで，この理論的なサイクルを**ブレイントンサイクル**（Brayton cycle）という．

2. 出力

標準サイクルにおける仕事量は，図 10·10 に示す面積 ABCD に相当する．そして，この仕事量に要した熱量は，$(Q_1 - Q_2)$ [kcal] であるから，熱の仕事量を J（$J = 427$ kg·m/kcal）とすれば，この面積の仕事量は，$J(Q_1 - Q_2)$ である．

この場合に，吸入された空気量が1秒間に W [kg] であれば，この空気量が1秒間になした仕事量は，$W \times J(Q_1 - Q_2)$ となる．ゆえに，これを馬力の形で表した値をガスタービンの出力といい，次の式で表される．

$$出力 = W \times J(Q_1 - Q_2)/75 \quad [\text{kg}] \tag{10·1}$$

ガスタービンは，空気に対する燃料の割合が，重量比で 1/50 ～ 1/100 程度であるので，出力を計算する場合，ガスの容積や重量を 0 と考え，空気量だけ計算しても大差ない．

3. 熱効率

ガスタービンのブレイトンサイクルにおいて，与えられた熱量が Q_1，放出した熱量が Q_2 であるので，理論的熱効率 η_{th} は，次の式で表される．

$$\eta_{th} = (Q_1 - Q_2)/Q_1 = 1 - (Q_2/Q_1) \tag{10・2}$$

ガスタービンの熱効率は，いろいろな要素に影響されるが，最も影響が大きいのは，空気圧縮機で空気を圧縮する度合いである．これを**圧力比**といい，次の式で表すことができる．

$$圧力比 \gamma = 圧縮機出口の圧力 p_2 / 圧縮機入口の圧力 p_1 \tag{10・3}$$

熱効率は，圧力比が高くなるほどよくなる．次に熱効率に影響を与えるのは，タービン入口における燃焼ガスの温度で，この温度が高くなるほど熱効率はよくなる．

これらの関係を図示すると，図 **10・11** に示すようになる．

タービン入口の温度を高くするために，熱交換器によって空気を加熱し，燃焼ガスの温度を高めている．しかし，燃焼ガスの温度は，耐熱材料の性能，羽根の強度などによって制限を受け，最高 900 °C というのが現状である．

このほかに，熱効率に影響を及ぼすものとして，圧縮機，熱交換器，燃焼器，タービンなどにおけるガスの流動抵抗や，機械損失，熱の冷却損失などがある．

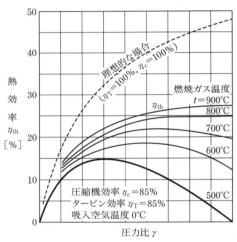

図 10・11　ガスタービンの熱効率

10・6　ガスタービンエンジンの特徴

ガスタービンエンジンには，次のような長所と短所がある

長所
① 回転運動だけで構造が簡単で，部品点数，振動が少ない．
② 出力当たりの重量が小さい．
③ 比較的低質の燃料が使用できる．
④ 始動が容易で，また，短時間に全力運転に移ることができる．

⑤　最大出力付近で燃料消費率が最低となる．

⑥　保守・整備および運転操作が簡単・容易である．

短所

①　熱効率が低く，燃料消費率が大きい．

②　燃焼器，タービンなどは，高温のガスにさらされるので，耐熱材料が必要である．

③　高速回転のために，高精度・高級な軸受が必要である．

④　運転の際に吸気・排気の騒音が大きい．

10·7 ガスタービンエンジンの用途

　ガスタービンエンジンは，各種の長所があるため，発電，船舶，機関車，自動車などの原動機として広く用いられている．

　①　**発電用**　ガスタービンを発電用に使用するときは，容量，重量に制限がないので，大きな熱交換器を備えることができ，ガスタービンと蒸気タービンを組み合わせた**コンバインドサイクルガスタービン**として利用されている．

　②　**船舶用**　ガスタービンは，小型・軽量で始動が速いので，船舶用エンジンとして用いられる．燃料消費率や熱効率があまりよくないために，一般にはディーゼルエンジンなどが優位にあるが，高速性能を要求される一部の軍艦などで使用されている．今後の研究により，性能が向上して進展する可能性が大きい．

　③　**機関車用**　発車時の起動時のトルクが大きく，蒸気機関車に比べて熱効率も高く，給水の必要がないので，機関車用としては適している．ガスタービン機関車は，1941 年スイスのブラウン・ボベリ社で初めて製作され，その後，各国で研究・実用化されている．

　④　**自動車用**　1950 年，イギリスのローバー社が初めてガスタービン自動車を製作した．以来，ピストンエンジンに代わる新しい自動車用エンジンとして注目を集め，世界各地で開発が行われている．

　⑤　**航空機用**　ガスタービンは，ターボジェットエンジン，ターボプロップエンジンとして，航空機用エンジンに用いられている（**11**章 参照）．

10·8 ガスタービンエンジンの将来

　ガスタービンは，航空機用として中型・大型・超大型の飛行機やヘリコプターのジェットエンジンの主流として使われている．陸上用では，病院やデパートの非常用発電機駆動用エンジンなど，ディーゼルエンジンや電動モータ以外の分野の原動機として使われている．船舶用エンジンとしては，高速回転の特徴の生かせる分野に広く使用されている．ガスタービンは大型化するだけでなく，一方ではマイクロガスタービンとして小型化する方向もある．熱効率の性能向上とともに，環境対策も考慮した NO_x 低減のために，予混合燃焼方式が採用されている．今後，バイオマス燃料などを用いたガスタービンエンジンとして有望であり，実用化への研究が進められている．

10章 | 練習問題

10·1 ガスタービンの主要部分について調べよう．
10·2 ガスタービンの理論的サイクルを図示・説明しなさい．
10·3 ガスタービンが自動車用エンジンとして適している点をあげなさい．

11

ジェットエンジンとロケットエンジン

11·1 噴射推進エンジン

　燃料の燃焼によって高温・高圧の燃焼ガスを高速度で後方に噴出させ，その反動でスラスト力（推力）を発生させ，反対方向に推進させるエンジンを噴射推進エンジンという．

　燃焼の方法により，ジェットエンジン（jet engine）およびロケットエンジン（rocket engine）に大別される．

1. ジェットエンジン

　空気中の酸素を用い，燃料の燃焼によって高温・高圧の燃焼ガスを高速で後方に噴出させるもので，構造はガスタービンと同様である．高空に行くほど空気が減少するために性能が悪くなり，大気圏内でしか飛行できない．

　ジェットエンジンには，ターボジェット，ターボプロップ，ファンジェット，パルスジェット，ラムジェットなどの種類がある．

2. ロケットエンジン

　エンジン内の燃焼室でアルコール，アリニン，液体水素などの液体燃料と硝酸ソーダ，過塩素酸カリなどの固体燃料，あるいは液体燃料と酸素を酸化剤（液体酸素や過酸化水素など）を用いて燃焼させることで，空気のない高高度の

図 11·1　ターボジェットエンジンの外観〔(株) IHI〕

空間や大気圏外を飛行することができるエンジンである．

11・2 ジェットエンジン

1. ジェットエンジンの種類
ジェットエンジンの種類は，ガスタービン使用の有無により，次のように分けられる．

① **ガスタービンを用いた方式**　ガスタービンの噴流ガスで推進するターボジェットエンジンと，タービンの回転力でプロペラを回転させるターボプロップエンジン，ファンジェットエンジンがある．

② **ガスタービンを用いない方式**　パルスジェットエンジンとラムジェットエンジンがある．ガスタービンを備えず，高速で飛行するときに生じる前方からの高圧の空気を利用して燃料を燃焼させ，その燃焼ガスを噴出するエンジンである．

2. ターボジェットエンジン
（1）**構造**　ターボジェットエンジン（turbojet engine）は，図 11・2 で示すように，ガスタービンとほとんど同じ構造である．ただし，高速度の噴流を得るため，タービンから出た燃焼ガスを噴出口でさらに加速するように工夫・設計されている．

タービン後方部をジェットノズルという．ノズルは，徐々に細く絞られた円筒になっている．円筒の中央では，ガスの流れを整え，通路面積を拡大し，流速を減じて圧力を増加させ，ジェットノズルから出るときのガスの圧力を急に減少させて高速の噴流とする．タービンは，コンプレッサを駆動して空気を圧縮するためだけに使用されるので，1軸式のタービン（図 11・2）が用いられる．

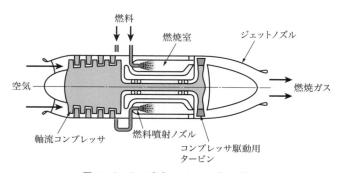

図 11・2　ターボジェットエンジンの構造

燃料は，一般に灯油が使用される．

表 11・1 にターボジェットエンジンにおける各装置の温度上昇の例を示す．

ガスタービンの耐熱性を考えて，あまり高温になりすぎないように多量の空気を取り入れる．このために燃焼ガス中に相当の酸素が残っているので，二次燃焼器を備え，もう一度燃料を噴射し，再燃焼による性能の向上を図る．

（2）長所 ターボジェットエンジンが，航空機用エンジンとして適するのは，エンジン前面積がきわめて小さいため空気抵抗が少なく，プロペラを使用しないで，音速の 0.7～0.9 倍の高速飛行が可能なためである．

表 11・1 ターボジェットエンジンにおける各装置の温度上昇の例

装置部分	運転時の温度上昇[℃]
コンプレッサブレード	200～260
ノズル隔壁	850～1000
燃焼室内筒	850～1000
タービンブレード	750～820
タービンホイール	650
タービン軸	200
テールコーン	540～760

3. ターボファンエンジン

ターボファンエンジン（turbofan engine）は，図 11・3 のように，空気取入れ口に軸流コンプレッサを備え，圧縮した空気の一部を燃焼室の外周に通すようにし，尾筒部で燃焼ガスといっしょに噴出させる方法である．この方法によると，圧縮した空気を圧縮機に送るので，コンプレッサの効率もよく，噴出ガスの速度が増加し，燃料消費を少なくし，推力も増大できる．

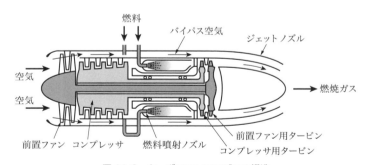

図 11・3　ターボファンエンジンの構造

4. ターボプロップエンジン

ターボプロップエンジン（turboprop engine）は，図 11・4 に示すように，ターボジェットにプロペラを取り付けたエンジンである．ターボジェットと異なる点は，燃焼ガスのエネルギーの大部分をプロペラ用タービンの駆動力に変え，プロペラを回転させ

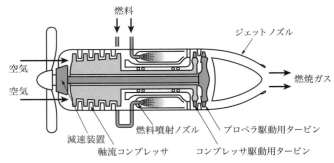

図11・4 ターボプロップエンジンの構造

て推力を得る点である．このため，タービンとコンプレッサには，プロペラを1本の軸で回す1軸式と，コンプレッサ用タービンとプロペラ用タービンとの2段のタービンを備え，それぞれ独立した2本の軸をもった2軸式とがある．

　日本では，YS-11型飛行機のエンジンとして装着されていた．ターボプロップの特徴は，ターボジェットと航空機用ガソリンエンジンとを組合わせたことにあり，性能は両者の中間で，あまり高速を必要としない旅客機や輸送機などに適している．

5. パルスジェットエンジン

　パルスジェットエンジン（pulse jet engine）は，タービンも圧縮機もなく，エンジンの先に自動開閉バルブがあり，バルブの後方が燃焼室となっている．燃焼室で生じた燃焼ガスは，後方の噴出口から高速で噴出される．構造が簡単で，燃焼は間欠的に行われる．

　パルスジェットエンジンの作動は次のとおりである．
　① エンジンの前方から入った空気が，自動開閉バルブを押し開いて燃焼室内に入る．
　② 燃料が噴射され，点火によって燃焼する．
　③ 燃焼により燃焼室の圧力は高くなるので，自動開閉バルブは閉じられ，燃焼ガスは後方の噴出口から噴出して，その反動で推力が生じる．
　④ ガスの噴出によって燃焼室の圧力が低くなるので，再び自動開閉バルブを開き，作動を続ける．

6. ラムジェットエンジン

　ラムジェットエンジン（ram jet engine）は，図11・5に示すように，ガスタービンやコンプレッサをもたず，空気取入れ口，燃焼室とノズルから構成される．

高速で空中を飛行することで，空気が正面から吸入・圧縮されることを利用し，圧縮された空気を燃焼室に導き，燃料を燃焼させ，噴出ガスの反動で推進する．

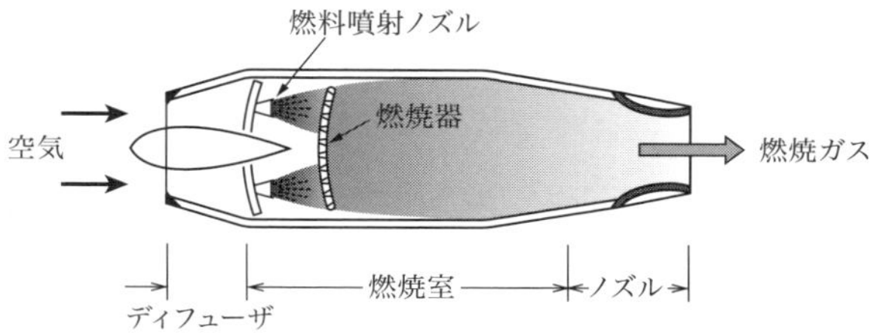

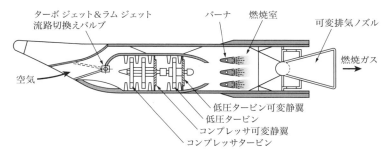

図11·5　ラムジェットエンジンの構造

ラムジェットの長所は，構造がきわめて簡単であり，高速で飛行するほど性能がよくなる点である．

超音速用エンジンとして，ターボジェットとラムジェットを組み合せたターボラムジェットエンジン（図11·6）も開発されている．

図11·6　ターボラムジェットエンジンの構造（超音速輸送機用コンバインドサイクルエンジン）

7. スクラムジェットエンジン

スクラムジェットエンジンとは，ラムジェットエンジンの一種であり，超音速燃焼ラムジェット（supersonic combustion ramjet）を略してスクラムジェットと呼んでいる．マッハ4以上の高速で飛行する場合に，進行方向から超音速で流入する空気の勢いを利用して液体水素を燃焼させ，飛行するものである．

将来，宇宙空間での滞在などに必要な物資を輸送するためのエンジンとして，スクラムジェットエンジンとロケットエンジンを組み合わせた複合エンジンと，それを搭載

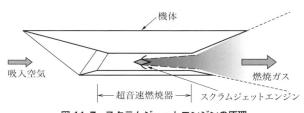

図11·7　スクラムジェットエンジンの原理

174 | **11章** | ジェットエンジンとロケットエンジン

して滑走路による離着陸ができるスペースプレーンなどが研究されている。極超音速で飛行できる一方、燃焼に軽い空気を用いるため、荷物を多く搭載できる利点がある。

8. ジェットエンジンの性能

（1） **推力** ジェットエンジンは、ターボプロップを除いて、すべて燃焼ガスの噴流によって推進するので、出力は馬力でなく、推力（**スラスト**）で表される。推力は力の大きさで、単位は [kgf] が使われている。

いま、ジェット機が V [m/s] の等速度で飛行しているとすると、この場合にジェットエンジンに流入する空気の速度もやはり V [m/s] と考えてよい。ジェットエンジンが1秒間に吸入する空気量（重量）を W_a [kgf/s]、噴出ガス量（重量）を W [kgf/s] とし、噴出速度を U [m/s] とすれば、ジェットエンジンは、気体の運動量の変化する量に相当するだけの抵抗を受けているので、推力 T は次の式で表される。

$$T = WU - W_a V/g \text{ [kgf]} \tag{11·1}$$

ただし、g は重力加速度である。

ここで、噴出される燃料は、空気量に比べてわずかであるので、吸入空気量 W_a と噴出ガス量 W は等しい（$W_a = W$）とみなしてよい。したがって、式(11·1)は、次のように書き換えられる。

$$T = W(U - V)/g \text{ [kgf]} \tag{11·2}$$

上式でわかるように、推力の大きさは、エンジンに吸入される空気量 W_a（$= W$）と、ガスの噴出速度 U と飛行速度 V との差（$U - V$）に比例する。ジェット機が静止していて、まさに動き出すときの推力は、$V = 0$ であるので、次の式で表される。

$$T = WU/g \tag{11·3}$$

式(11·3)の推力を、**静止推力**または**地上推力**という。また、高空に行くほど空気密度は小さくなり、吸入空気量は空気密度に比例して低下する。

（2） **軸相当馬力** ジェット機が、T [kgf] という推力によって V [m/s] という速度で飛行しているとすれば、1秒間の仕事量は、推力 T × 飛行速度 V である。したがって、馬力に換算すると次の式で表される。

$$馬力 = TV/75 \text{ [PS]} \tag{11·4}$$

これをジェットエンジンの**軸相当馬力**という。

ターボプロップは、プロペラの回転と噴出ガスによって推力が生じるので、ターボプロップの相当軸馬力は

$$相当軸馬力 = （プロペラ軸馬力）+（推力を馬力に換算した値） \tag{11·5}$$

になる。

（3） **燃料消費率** ジェットエンジンの燃料消費率は、推力1 [kgf] に対して1時

間当たりの燃料消費量［kg］で表し，単位記号は［kg/(kgf·h)］で表す．

ジェットエンジンの燃料消費率は，ピストンエンジンに比べて非常に大きいが，高速で飛行するほど小さくなる．

11·3 ロケットエンジン

ロケットエンジン（rocket engine）は，搭載した推進剤などのエネルギー源や電磁場などを用いて，後方に噴出して推進力を発生する装置である．

熱源の種類などによって，化学ロケット（chemical rocket），電気ロケット（electrical rocket），原子力ロケット（nuclear rocket）がある．このうち，内燃機関として，化学ロケットについて解説する．

1. 化学ロケット（chemical rocket）

燃料や推進剤を燃焼させ，燃焼ガスを噴出して推力を得る噴射推進エンジンである．化学ロケットエンジンは，使用する燃料の形状によって，次のように分類される．

① 固体燃料ロケットエンジン

② 液体燃料ロケットエンジン

2. 固体燃料ロケットエンジン

固体燃料ロケットエンジンの構造は，長い砲弾の形をしたロケットの内部に筒形の燃焼室があり，ここに火薬のような固体燃料が入り，燃焼室の一方は噴出口（ノズル）となっている．

燃焼室内の固体燃料が一定の燃焼速度で燃焼し，高温・高圧の燃焼ガスが発生する．この燃焼ガスがノズルから高速で噴出し，その反動で推力を得る．

固体燃料は，過塩素酸アンモニウムの粉末と金属燃料のアルミニウムをゴム状に固めたものが使われている．固体燃料ロケットエンジンは，構造がきわめて簡単で，故障も少ないが，燃料の燃焼時間が短いために，近距離用ロケット兵器や人工衛星の打上げ用ロケットに用いられいる．

3. 液体燃料ロケットエンジン

液体燃料ロケットエンジンの構造は，図 11·8 にように，燃料タンク，酸化剤タンク，燃焼室がそれぞれ別にあって，パイプで燃料と酸化剤を燃焼室に送り，ここで燃焼させるようになっている．そして，燃焼状態を自由に調節できる装置もあり，構造が複雑に

11章　ジェットエンジンとロケットエンジン

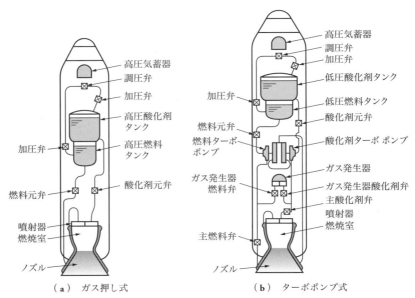

(a) ガス押し式　　(b) ターボポンプ式

図 11・8　液体燃料ロケットエンジン

なる．燃料と酸化剤を燃焼室に送る方法には，ガス押し式とターボポンプ式がある．

(1) ガス押し式　図 11・8(a)のように，前部に圧縮空気タンクを備え，その圧力で燃料と酸化剤を燃焼室に押し出すものである．

(2) ターボポンプ式　ターボポンプ式は，同図(b)のように，ポンプとそれを動かすタービンがあり，まず，過酸化水素が分解し，水蒸気によってタービンを回し，タービンと直結しているポンプが駆動して，燃料と酸化剤が燃焼室に送られる．

4．最近の日本のロケットエンジンの技術

(1) LE-7A 型ロケットエンジン　H-IIA ロケットの1段目に用いられている LE-7A 型ロケットエンジンの外観を図 11・9 に，系統図を図 11・10 に，要目を表 11・2 に示す．

図 11・9　LE-7A 型エンジン
(JAXA)

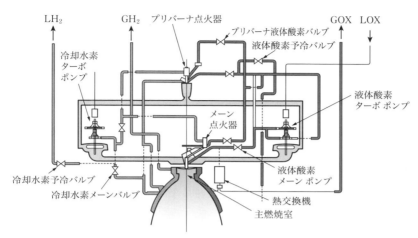

図 11・10　LE-7A 型エンジン（液体燃料ロケット）**系統図**（JAXA の資料を参考に作成）

（2）主な装置

① **燃料弁**（注射器）
プリバーナおよび主燃焼室に燃料と酸化剤を供給する．

② **ターボポンプ**　液体水素と液体酸素を高圧に加圧する．

③ **点火器**　プリバーナおよび主燃焼室に点火する．

表 11・2　LE-5 型エンジンと LE-7 型エンジンの要目

型　式	H-I（1986 年）	H-IIA（2001 年）
エンジン	LE-5 型エンジン　2 段	LE-7 型エンジン　1 段
サイクル	ガス発生器	2 段燃焼
推　力	103 kN	1098 kN
全　長	2.7 m	3.8 m
重　量	2.5 N	17.6 N
点火システム	スタートバルブ	プリバーナ　1 個

エンジンテクノロジー，第 51 号，山海堂より作成．

④ **主燃焼室**　液体水素と液体酸素を燃焼する．

⑤ **ノズル**　途中が細く出口が広がっている中細ノズルである．燃焼ガスがノズルを通るとき，圧力エネルギーが速度エネルギーに変わり，超音速で主燃焼室の下部スカートから噴出される．スカート外周は液体水素で冷却されている．

5. ハイブリッドロケット推進システム

推進剤として液体燃料と固体燃料を組合わせたロケットである．一般に，液体酸化剤と固体燃料を組合わせたハイブリッドロケットが開発されている．

その特徴としては次のようである．

① **安全性**　燃料と酸化剤が分離しているため，爆発の危険が少ない．

178　11章　ジェットエンジンとロケットエンジン

② **低公害性**　塩酸や酸化アルミニウムなどによる公害の発生が少ない.
③ **経済性**　燃料，酸化剤とも安価で，システム全体も低コストとなる.

11·4 | 噴射推進エンジンの歴史と未来

ジェットエンジンは，ガスタービンを航空機用エンジンに利用することから生まれ，第二次世界大戦後，プロペラ式飛行機に代わる航空機用エンジンとして急激な進歩をとげてきた.

日本におけるジェットエンジンの開発は，1960年代に航空宇宙技術研究所（航技研）が設立されたことに始まり，大型の機体から中距離飛行用の機体まで，それぞれのに適合する性能をもつジェットエンジンが研究・開発されている.

ロケットエンジンの歴史は，1926年，アメリカのゴダード（R. H. Goddard）による液体燃料ロケットエンジンの飛行から始まる. その後，ミサイルの研究にともない，強力なロケットエンジンがつくられ，このエンジンを用いて宇宙へとロケットを飛ばすことも可能になった.

近年，ロケットエンジンの性能が向上し，多くの人工衛星が打ち上げられ，国際宇宙ステーションの建設，天気予報用，あるいはカーナビゲーションや測量用のGPSなど，高度通信システムとして使われている

燃料の燃焼による推進に続く技術としては，原子力を用いた原子力ロケット，太陽熱を利用した太陽熱ロケット，光を猛烈な勢いで噴出し，その反動で飛ぶ光子ロケットなどがあげられる. 光子ロケットは，光の速度に近い1秒間に約30万kmの速度を出すことができると想定される. これらのエンジンができれば，太陽系をこえて，遠い遠い宇宙の果てまで旅行することが可能になるであろう.

11章 | 練習問題

11·1　ジェットエンジンとロケットエンジンの相違を述べなさい.

11·2　ジェットエンジンにはどのような種類がありますか. その種類をあげなさい.

11·3　現在使われているロケットエンジンには，どんな種類がありますか.

11·4　液体燃料ロケットエンジンで，燃焼室に燃料と酸化剤を送る方式について述べなさい.

12
環境対策と代替燃料

　地球の豊かな自然環境を維持し，限りある化石燃料をいかにして長く活用していくかを考えることが，内燃機関の設計・製造・運転などの分野に関わる技術者の課題であろう．この章では，内燃機関に起因する環境問題と未来のエネルギーのゆくえを探る．

12·1　内燃機関に起因する環境問題

　内燃機関を運転することによって，騒音，振動，排気ガスなどが発生する．これまでに多くのことが技術的に解決されてきたが，まだ排気ガスの成分などに改善の余地が残されている．

1. 有害な排出ガス

　エンジンから排出される排気ガスの中には，図 12·1 および表 12·1 に示すような人体に有害なガスや不完全燃焼によって発生する粒子状物質（PM）などが含まれている．

図 12·1　有害物質の排出部分

表 12·1　エンジンから排出されるガス・粒子状物質

排出ガス名	有害な物質	無害な成分
一酸化炭素（CO）	黒煙，主に煤（すす）	窒素（N_2）
炭化水素（HC）	サルフェート（硫酸鉛）	水蒸気（H_2O）
窒素酸化物（NO_x）	可溶有機成分	二酸化炭素（CO_2）
黒　煙	粒子状物質（PM）	

2. 点火時期とシリンダ内圧力の影響

図 12·2 に示すように，ガソリンエンジンからの排出ガスやノッキングは，燃焼行程時の点火時期（タイミング）とシリンダ内圧力に影響される．

まず，点線のように，点火・燃焼のないままのモータリングでは，上昇行程から下降行程が終わると上死点を中心に左右対称の曲線となる．

図 12·2 中の ① のように点火時期が早いときは，燃焼ガスの最高温度が高くなり，NO_x が増加する．また燃焼圧力が急激に上昇し，ノッキングが起こりやすい．

③ のように点火時期を遅らせたとき，圧縮圧力が十分に上昇しないまま終了する．

② のように点火時期が適正なときは，上死点より少し遅れた位置で最高温度，最大圧力に達し，燃焼後期の後燃えによって HC の発生が少なくなる．

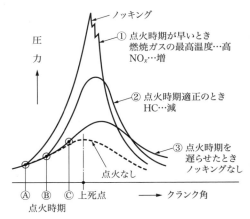

図 12·2 点火時期とシリンダ内圧力

3. 排出ガスの発生傾向

ガソリンエンジンおよびディーゼルエンジンなどにおける燃料の燃焼によって生じる有害物質の排出傾向を図 12·3 に示す．CO，HC，NO_x とも，比較的理論混合比より混合気の薄いリーンバーンの領域での濃度が低い傾向がある．

① **一酸化炭素（CO）** 燃料は完全燃焼すると炭素 C と酸素 O_2 が化合し，二酸化炭素 CO_2 となる．O_2 が不足すると不完全燃焼を起こし，一酸化炭素 CO が生じる．ディーゼルエ

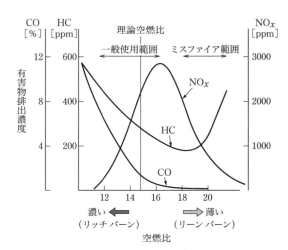

図 12·3 有害物質排出の傾向

ンジンは，空気過剰率が大きく酸素が多いため，CO の発生が少ない．

② **炭化水素**（HC）　HC は，水素 H と炭素 C の化合物で，完全燃焼すると H_2O（水）と CO_2（二酸化炭素）となる．燃料が不完全燃焼すると，燃え残りの生ガス HC と CO，NO_x が残る．

③ **窒素酸化物**（NO_x）　NO_x は，窒素 N と酸素 O の化合物の総称である．燃焼中の高温で不活性窒素 N_2 と酸素 O_2 が存在すると，$N_2 + O_2 \rightarrow 2NO$（一酸化窒素）が生成され，空気中に放出されると O_2 と結合し，$2NO + O_2 \rightarrow 2NO_2$ という反応が起こり，NO_2 が生成される．燃焼温度が高いほど多く発生する．

④ **粒子状物質**（PM）　燃焼時に発生する黒い煙など煤（すす）などが混合しているものを粒子状物質（**PM**：particulate matter）という．PM には，黒煙，サルフェート（硫酸塩），可溶有機成分（SOF：soluble organic fraction）の 3 種類がある．このうち，燃料中の炭素が分離して煤となって排出された黒煙が問題視されている．

⑤ **硫黄化合物**（SO_x）　ディーゼルエンジンで使用する軽油の硫黄（S）分が燃焼して O_2 と化合して硫黄化合物 SO_2，SO_3 などが発生する．

⑥ **二酸化炭素**（CO_2）　化石系燃料を燃焼させるとき CO_2 は発生する．燃焼効率を上げて，燃料を減らす必要がある．

12·2 排出ガス対策

1. ガソリンエンジンとディーゼルエンジンの排出ガス対策

表 12·2 にガソリンエンジンとディーゼルエンジンの排出ガス対策項目をあげる．

表 12·2　ガソリンエンジンとディーゼルエンジンの排気ガス対策

対策方式	ガソリンエンジン	ディーゼルエンジン
燃焼方式	火花点火方式	自己着火方式
排気ガス	CO，HC，NO_x	PM
後処理技術	空燃比制御 三元触媒装置	全域リーン空燃比のため NO_x 浄化困難 ディーゼル微粒子除去装置 DPF 尿素 SCR システム

自動車技術，Vol.57，9 月号より作成．

2. 有害な排出ガスを浄化する方法

排出ガス中の有害ガスの排出量を低減するため，法律の整備とその対策が進められてきた．ガソリンエンジンの有害排出ガス低減対策の研究に続いて，ディーゼルエンジン

の黒煙や騒音対策も進められている。有害成分の排出を防止する方法としては，機械的（メカニカル）な改良と排出後の後処理技術が考えられる．さらに，これアシストするために電子制御を組み合わせた装置もある．

（1） 機械的な改良方法　CO と HC の排出濃度を少なくするためには，薄い空燃比で運転すればよい．しかし，混合気が薄くなると点火が困難になり，ミスファイア（失火），エンジンの出力の低下などを起こす．このために，次の工夫が施されてきた．

①　バルブタイミングを変更して，オーバラップ時の未燃焼ガスの排出を防止する．

②　点火装置を改良して，ミスファイアを防止する．

③　減速時に燃料の供給を停止し，濃い混合気を生成させない．

（2） 電子制御による浄化方法　NO_x は，理論空燃比より薄いリーンバーンの領域で多くなる傾向をもつ（図 12・3 参照）．とくに，エンジンが加速するときなど，燃焼ガス温度の高い領域で多く発生する．これら有害とされる CO，HC，NO_x は三元触媒コンバータに他の装置を組み合わせて浄化している．

①　三元触媒を用いて排出ガスの中の CO，HC，NO_x を浄化する．

②　空燃比制御装置により，理論空燃比近くの範囲にコントロールする．

③　EGR（排気ガス再還元装置）を用いて，最高燃焼ガス温度を下げる．

3.　有害な排気ガスを浄化する装置

排気ガスから有害物質を減少または浄化させるために，次のような装置が開発されている．

①　**触媒コンバータ装置**　排気パイプの途中の耐熱ステンレス製一体式ケース内に，白金（Pt），パラジウム（Pd），ロジウム（Rh）などを混合した三元触媒を用いる．三元触媒には，酸化と還元の作用があり，排気ガスの中の CO，HC，NO_x を CO_2，H_2O，N_2 の無害のガスに浄化する．

②　**EGR 装置**　EGR（exhaust gas recirculation：エキゾーストガスリサキュレーション）装置は，排気ガスの一部を吸入マニホールドに戻して，吸入される混合ガスに混ぜ合わせ，燃焼温度を下げて NO_x を少なくする装置である．さらに，排気ガスの温度を下げるために，EGR 冷却用マフラを装備したクールド EGR が開発されている．

③　**ブローバイガス還元装置**　燃焼室のシリンダ壁とピストンリングのすきまからクランクケースに吹き抜けた未燃焼のガスを吸入系統に戻して再び燃焼させ，エンジン外への放出を防ぐ．

④　**燃料蒸発ガス排出抑止装置**　燃料タンクから蒸発して大気中に放散されるガソリンをチャコールキャニスタから吸入系統に導いて吸着させ，燃焼する．

⑤　**二次空気導入装置**　低温時の始動では未燃焼ガスが排出される．エアポンプを用

いて，排気マニホールド付近に空気を送り込み，排気ガス中のCO，HCを再燃焼させ，CO，HC，NO_xを低減する．

⑥ **減速時制御装置** アクセルペダルを離すとスロットルバルブが閉じ，混合気が濃くなり過ぎ，CO，HCが増える．このときにエアコントロールバルブを開いて二次空気を吸入マニホールドに導き，濃くなるのを防ぐ．

⑦ **ディーゼル微粒子除去装置** ディーゼルエンジンから排出される黒煙とその主成分である粒子状物質（PM）中の**ディーゼル排気微粒子**（**DEP**：diesel exhaust particles）は，きわめて微細な煤で，ディーゼル微粒子除去装置（**DPF**：diesel particulate filter）を用いて除去する．

⑧ **尿素SCRシステム** アンモニアを使い，酸化物質からO_2を取り去る還元反応によって，NO_xをN_2に変換して浄化する（SCR：selective catalytic reduction）．

⑨ **コモンレール式燃料噴射システム** ディーゼルエンジンの排気ガス中のPM（粒子状物質）の発生を抑えるために，燃料を燃料噴射系統に高圧にして蓄圧し，各シリンダに共通して燃料を供給する．電子制御装置と組合わせた電子制御式コモンレール式燃料噴射システムに進化している（7・6節参照）．

4. 三元触媒コンバータによる有害ガスの浄化の例

排出ガスの中の物質の濃度は，空気と燃料の割合，すなわち空燃比や点火時期などにより大きく左右される．

図12・4に，ガソリンエンジンの空燃比に対する有害物質CO，HC，NO_xの発生濃度を示す．

これによれば，一般に，理論空燃比より少し薄い空燃比（リーンバーン）の区域で運転すれば，CO，HCの発生濃度は下がるが，NO_xは増えてくる．さらに薄くする（リッチバーン）とNO_xの濃度は下がるが，ミスファイアが起こりやすく，HCが増えてくる．反対に，同図左側のように，濃い空燃比の区域にすれば，NO_xは少なくなるが，COとHCは増えてくる．そこで，理論空燃比を中

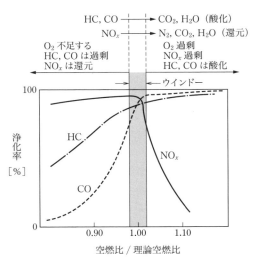

図12・4 三元触媒の排ガス浄化率曲線

心に，一定の範囲に空気と燃料の濃度を制御すれば，有害な物質の生成を抑えられる．

5. 空燃比フィードバック制御の例

図 12·5 に示すように，エアフローメータの吸入空気量から基本燃料噴射が決められる．一方で，燃焼ガスから O_2 センサによって空燃比（air/fuel ratio）の情報を得る．このデータを ECU に送り，燃料噴射量を補正し，最終燃料噴射量を決定し，インジェクタへの噴射信号が送られる．

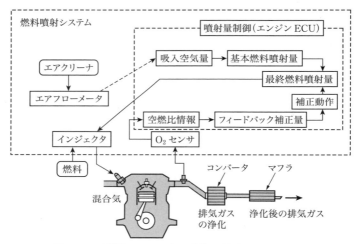

図 12·5 空燃比フィードバック制御の例〔(株) デンソー〕

12·3 代替燃料の研究・開発

現在，内燃機関の燃料には，主に石油系燃料が用いられている．石油系燃料の埋蔵量は，採掘の可能性を基準にして，今後 40 ～ 50 年と予測されている．

一方で，我々の社会生活においては，ますます電力の消費量が増加している．エンジニアとして，内燃機関の燃料と並行して考えなければならないのは，発電システムのエネルギー源，とくに火力発電所の燃料についてである．

このような流れの中で，石油系燃料を大量に消費する内燃機関と火力発電所に代替燃料が求められている．原子力発電システムへの依存は，核廃棄物の処理などの困難さがあり，自然エネルギーへの回帰も必要な課題となる．

1. 低硫黄軽油

ディーゼルエンジンでは，軽油に含まれる硫黄（S）が燃焼により酸素 O_2 と化合し，二酸化硫黄（SO_2）などのサルフェート（硫酸塩）が生成される．サルフェートを少なくするためには，軽油の硫黄分を少なくする必要があり，この硫黄分の少なくした低硫黄軽油が開発されている．

2. 圧縮天然ガス

液体燃料に代わる燃料として，天然ガスを使用するガスエンジンが研究されている．油田の上層部分から採取される天然ガスを圧縮して**圧縮天然ガス**（**CNG**：compressed natural gas）をつくり，乗用車やバス用エンジンの燃料として用いるものである．

CNG は，燃料ボンベに最大圧力 20 MPa 程度で圧縮された状態で充てんされる．燃料の供給方法は，圧縮されたガスを減圧弁により減圧後，シリンダにガス噴射式やミキサにより空気と混合して供給される．

また，天然ガスを圧縮して液化させて，燃料ボンベに充てんさせたものを**液化天然ガス**（**LNG**：liquefied natural gas）という．LNG は，低温にした真空断熱燃料ボンベに，1 MPa 以下の低い圧力で充てんされている．

天然ガスを用いたエンジンは，排出ガス中の NO_x や PM（粒子状物質）の排出が少なく，大気汚染の少ないエンジンである．アルゼンチンをはじめ，世界各国で圧縮**天然ガス自動車**（NGV）が増えている．

3. バイオエタノール燃料

石油系燃料に代わる燃料として，エタノールを使用することが可能である．これは，エタノールをガソリンと混合して，オットーサイクルエンジンに使用する方式である．植物から生成したエタノールを**バイオエタノール**と呼び，ガソリンとの混合燃料として有効である．

アメリカやブラジルでは，コーンなど植物から精製されるエタノールをガソリンに混合して"ガソホール"として使用している．比較的 NO_x や煤（すす）の排出は少ないが，排出ガス中に，有害なアルデヒド類や未燃のアルコールが含まれているため，改良のための研究が続けられている．

バイオエタノール燃料は，石油系燃料の節減や休耕田における作物栽培の促進など，自然環境保護の面からも期待される燃料である．

4. バイオディーゼル燃料

ディーゼルエンジンは，バイオディーゼル燃料（**BDF**：bio diesel fuel）を用いて運

転することが可能である．BDFは，バイオマスに由来し，動植物油を化学処理して製造される燃料の総称である．一般に，菜種やひまわり，大豆，菜の花などの植物油とメタノールを反応させた脂肪酸メチルエステルを主成分とした再生可能エネルギーである．軽油にエタノールを混ぜた混合燃料（E-diesel）も使用されている．

また，天ぷら油などの廃食油を精製したものも，軽油に近い性状をもつ燃料として実用化が進んでいる．

使い方には，軽油と混合して使用する方法とBDF100%で使用する方法がある．CO_2削減に期待できる燃料である．

5．水素ガス燃料

水など自然界に存在している資源から水素ガス（H_2）を製造して，内燃機関の燃料に使用する技術の研究が進んでいる．燃焼したあと，水などに還元されるので，ほとんど有害なガスは発生しない．水素ガスは，可燃物が近くにあると爆発的に発火しやすい危険性があるが，無公害な燃料として可能性があるため，研究が進められている．

水素は，常温では気体であるため，水素吸収合金タンクに超冷温 $-250°C$ まで冷却・液化して貯蔵し，使用時に常温の水素ガスに気化させ，空気との混合ガスとして使用する．オットーサイクルエンジンやロータリエンジンの将来有望な燃料として研究されている．

6．ジメチルエーテル

ジメチルエーテル（dimethyl ether：**DME**）は，石油天然ガスや石炭，またはバイオマスから製造できる燃料である．2007年から中型DMEトラックの実証運行試験が始まり，DME燃料の生産も開始された．品質規格の国際標準化作業も進められている．内燃機関用の燃料としては，圧縮天然ガス（CNG），バイオエタノール燃料，水素ガス燃料，ジメチルエーテル（DME）などの活用が研究されている．これらの課題は，技術開発により必ず解決の道が見つけ出されると信じる．そして内燃機関は，時代の要請に合わせた技術開発により，今後も存続し続けるであろう．

12章 │ 練習問題

12・1 エンジンより排出される有害な排気ガスの種類についてあげなさい．

12・2 無公害なエネルギーについて考察してみよう．

12・3 環境対策と今後の課題について，研究してみよう．

付録

付録 1 | SI 単位の基礎知識

　自動車工学では重力単位系を用い，PS（仏馬力）や kgf（重量キログラム）などを使用してきたが，1994 年（平成 6 年）から SI 単位に移行し，現在，完全実施に至っている．

　しかし，SI 移行以前の自動車整備解説書や文献が現存し，それらは重力単位系で表現されている．時には古い単位系から SI に換算する必要に迫られる場合もあろう．

　ここでは重力単位系から SI 単位への移行の経緯や換算を主体に，SI 単位の基礎知識について述べる．

1. 重力単位系から SI 単位への移行

　SI は国際単位系（Le Système International d'Unités）の略称である．

　これまでの計量単位系には，メートル法やヤード・インチ法などがあり，計量単位の使用は，各国で異なっていたが，世界の交流と物流のグローバル化により，設計・製作での部品の互換性など，計量単位として，統一された単位系が必要になってきた．

　1960 年（昭和 35 年），CGPM（Conférence Générale des Poidset Mesures；国際度量衡総会）で国際単位系として SI が制定され，1973 年には ISO（International Organization for Standardization；国際標準化機構）により，国際単位系として SI 単位の使用が制定された．

　日本では，1974 年に SI 使用が制定され，工業界・学会が中心となり，大学・高等学校など教育の場でも普及した．高等学校では，1994 年の教科書検定から SI 単位に移行し，同年，自動車整備士技術教科書に SI が導入された．

2. SI 単位の構成

　付表 1 に SI 基本単位（7 単位），付表 2 に本書に出てくるおもな組立単位，付表 3 に

SI 単位の接頭語（20語）をあげる．

SI 単位は，つぎのように構成されている．

① 組立単位は（付表 2），基本単位（付表 1）を組み合わせて表す．

② 接頭語（付表 3）によって，10 の整数乗倍の大きさの量の単位をつくる．

また，SI 単位についての国際機関の一つとして，4年に 1 回，すべてのメートル条約加盟国の代表が参加して開催される CGPM がある．CGPM では，たとえば新単位の導入のような，新しい基礎的な計量学上の決定の結果について確認が行われる．

付表 1　SI 基本単位

量	単位の名称	単位記号
長　　さ	メートル	m
質　　量	キログラム	kg
時　　間	秒	s
電　　流	アンペア	A
温　　度	ケルビン	K
物 質 量	モル	mol
光　　度	カンデラ	cd

付表 2　本書に出てくるおもな組立単位

	量	単位の名称	単位記号
固有の名称をつ組立単位	平 面 角	ラジアン	rad
	周波数・振動数	ヘルツ	Hz（$=s^{-1}$）
	力	ニュートン	N（$=kg \cdot m/s^2$）
	圧 力	パスカル	Pa（$=N/m^2$）
	動力・仕事率	ワット	W（$=N \cdot m/s$）
	電荷・電気量	クーロン	C
	電位差・電圧・起電力	ボルト	V
	電 気 抵 抗	オーム	Ω
	セルシウス温度	セルシウス度	°C
	光 束	ルーメン	lm
	照 度	ルクス	lx
一般の組立単位	速 さ・速 度	メートル毎秒	m/s
	加 速 度	メートル毎秒毎秒	m/s^2
	角 速 度	ラジアン毎秒	rad/s
	ト ル ク	ニュートンメートル	N·m
	運 動 量	キログラムメートル毎秒	kg·m/s
	力 積	ニュートン秒	N·s
	慣性モーメント	キログラム平方メートル	$kg \cdot m^2$
	回 転 半 径	メートル	m
	周 期	秒	s
	ば ね 定 数	ニュートン毎メートル	N/m

付表 3　SI 単位の接頭語

乗数	接頭語の名称	接頭語の記号
10^{24}	ヨタ	Y
10^{21}	ゼタ	Z
10^{18}	エクサ	E
10^{15}	ペタ	P
10^{12}	テラ	T
10^9	ギガ	G
10^6	メガ	M
10^3	キロ	k
10^2	ヘクト	h
10	デカ	da
10^{-1}	デシ	d
10^{-2}	センチ	c
10^{-3}	ミリ	m
10^{-6}	マイクロ	μ
10^{-9}	ナノ	n
10^{-12}	ピコ	p
10^{-15}	フェムト	f
10^{-18}	アト	a
10^{-21}	ゼプト	z
10^{-24}	ヨクト	y

3. SI 単位と重力単位系の換算

SI 単位では，力の単位にニュートン（記号：N）を使用している．1 N とは，質量 1 kg の物体に作用して 1 m/s^2 の加速度を生じさせる力のことである．

また，重力単位系では，標準の重力加速度のもとで，質量 1 kg の物体に働く重力を 1 kgf としてきた．この二つの関係から，SI 単位と重力単位系の換算をすることができる．付表 4 に本書に出てくるおもな量についての SI 単位と重力単位系の換算をあげる．

また，付表 5 には自動車工学の記号に使われるおもなギリシア文字をあげる．

付表 4　本書に出てくるおもな SI 単位と重力単位系の換算

量	SI 単位の単位記号	重力単位系の単位記号	換算
力　・　重　量	N（＝kg·m/s^2）	kgf	1 N＝0.101972 kgf [*1] 1 kgf＝9.80665 N [*2]
圧　　　　　力	Pa（＝N/m^2）	kgf/m^2 （1 kgf/cm^2≒1 気圧）	1 Pa＝0.101972 kgf/m^2 1 MPa＝0.101972 kgf/mm^2
動力・仕事率	W（＝N·m/s）	kgf·m/s （75 kgf·m/s＝1 PS）	1 W＝0.101972 kgf·m/s 1 kgf·m/s＝9.80665 W 1 PS＝735.499 W
ト　ル　ク	N·m	kgf·m	1 N·m＝0.101972 kgf·m
運　動　量	kg·m/s	kgf·s	1 kg·m/s＝0.101972 kgf·s
力　　　積	N·s	kgf·s	1 N·s＝0.101972 kgf·s
慣性モーメント	kg·m^2	kgf·m·s^2	1 kg·m^2＝0.101972 kgf·m·s^2 1 kgf·m·s^2＝9.80665 kg·m^2
ば　ね　定　数	N/m	kgf/m	1 N/m＝0.101972 kgf/m 1 kgf/m＝9.80665 N/m

〔注〕　一般の計算では，[*1] 0.101972 は 0.102 で，[*2] 9.80665 は 9.8 で換算してもよい．

付表 5　自動車工学の記号に使われるおもなギリシア文字

用語	小文字	読み	用語	小文字	読み
角　　度	α β θ	アルファ ベータ シータ	密　度	ρ	ロー
			比　重　量	γ	ガンマ
効　率	η	イータ	摩擦係数	μ	ミュー
円　周　率	π	パイ	振　動　数	ν	ニュー

付録2 | 自動車整備士等資格取得について

1. 自動車整備士の種類
◎ 一級（大型，小型，二輪）自動車整備士
◎ 二級（ガソリン，ジーゼル，自動車シャシ，二輪）自動車整備士
◎ 三級（自動車シャシ，自動車ガソリン・エンジン，自動車ジーゼル・エンジン，二輪自動車）整備士
◎ 特殊整備士（自動車タイヤ，自動車電気装置，自動車車体）

2. 自動車整備士の技能検定試験
技能検定試験 学科試験 + 実技試験（一級自動車整備士は口述試験もあり）
受検資格（三級の場合）
◎ 自動車整備作業に関して，受検する種類の整備作業に1年以上の実務経験．
◎ そのほかの受験資格については，高等学校の機械に関する学科を卒業した者など．
◎ 一定の要件を満たしている者は，実務経験の要件が短縮される．
技能検定試験の一部免除
◎ 自動車整備技能登録試験合格者
◎ 自動車整備士養成施設修了者
◎ その他

3. 整備主任者
認証自動車整備事業者は，事業所ごとに，自動車の検査について国土交通省令で定める一定の資格を備える者（一級，二級自動車整備士）のうちから，整備主任者を選任しなければならない．

4. 自動車検査員
指定自動車整備事業者は，事業所ごとに，自動車の検査について国土交通省令で定める一定の実務の経験その他の要件を備える者（自動車検査員教習修了者）のうちから，自動車検査員を選任しなければならない．

〔**参考文献**〕（一社）日本自動車整備振興会連合会：法令教材

練習問題のヒント

〔1章〕 **内燃機関とは**

1·1 1·2節 原動機
1·2 1·3節 熱機関

〔2章〕 **往復動内燃機関の概要**

2·1 2·3節 5. バルブタイミング ダイアグラム
2·2 2·5節 内燃機関の点火システム

〔3章〕 **熱と熱力学**

3·1 3·3節 1. 熱力学第一法則
3·2 3·3節 3. 熱力学第二法則

〔4章〕 **内燃機関の性能**

4·1 4·1節 2. エネルギー保存の法則
4·2 4·2節 2. エンジンの pV 線図

〔5章〕 **燃料と燃焼**

5·1 5·4節 1. 着火性 2. 引火性
5·2 5·5節 2. オクタン価，5·6節 2. セタン価
5·3 5·5節 1. 異常燃焼とノッキング，5·6節 1. ディーゼルノック

〔6章〕 **ガソリンエンジン**

6·1 6·1節 1. ガソリンエンジンの構成
6·2 6·2節 4.（1）ピストンの構造
6·3 6·2節 5.（1）ピストンリングの機能
6·4 6·2節 11.（1）バルブ開閉機構
6·5 6·4節 4. キャブレター

192 練習問題のヒント

6·6 6·5節 4. （1） オイルの作用，（2） オイルの性質
6·7 6·9節 2. （1） センサ
6·8 6·11節 3. バッテリの化学作用

〔7章〕 **ディーゼルエンジン**

7·1 7·2節 ディーゼルエンジンの燃焼
7·2 7·2節 2. ディーゼルエンジンの燃焼過程
7·3 7·7節 ガバナ，7·8節 タイマ
7·4 7·4節 電子制御式燃料噴射ポンプ
7·5 7·6節 コモンレール式燃料噴射システム

〔8章〕 **ロータリエンジン**

8·1 8·2 ロータリエンジンの原理
8·2 8·4 ロータリエンジンの作動
8·3 8·6 ロータとエキセントリックシャフトの回転比

〔9章〕 **特殊応用内燃機関とハイブリッドシステム**

9·1 9·3節 自動車用ガスエンジン
9·2 9·4節 特殊応用内燃機関

〔10章〕 **ガスタービンエンジン**

10·1 10·2節 ガスタービンエンジンの構成
10·2 10·5節 1. サイクル
10·3 10·3節 1. （2） 2軸式ガスタービン

〔11章〕 **ジェットエンジンとロケットエンジン**

11·1 11·1節 1. ジェットエンジン，2. ロケットエンジン
11·2 11·2節 1. ジェットエンジンの種類
11·3 11·3節 ロケットエンジン
11·4 11·3節 3. 液体燃料ロケットエンジン

〔12章〕 **環境対策と代替燃料**

12·1 12·1節 1. 有害な排出ガス
12·2 12·3節 代替燃料の研究・開発

引用・参考文献

[**1**] 日本機械学会編：機械工学便覧（応用システム編・内燃機関），丸善，2008．

[**2**] 小山 実編修：自動車工学1・2，実教出版，2012．

[**3**] 勝田正文ほか監修：原動機，実教出版，2003．

[**4**] 日本自動車整備振興会連合会編：三級ガソリン＆ジーゼル・エンジン，2015．

[**5**] 日本自動車整備振興会連合会編：二級ガソリン＆ジーゼル自動車エンジン編，2015．

[**6**] 全国自動車整備専門学校協会編：ガソリン＆ジーゼル・エンジンの構造，2005．

[**7**] 全国自動車大学校・整備専門学校協会編：電装品構造，2005．

[**8**] 全国自動車大学校・整備専門学校協会編：内燃機関，燃料・油脂，2016．

[**9**] 自動車技術会編：自動車技術，Vol. 71，No. 8，(社) 自動車技術会，2017．

[**10**] エンジンテクノロジーレビュー，Vol. 1，No.1，養賢堂，2009．

[**11**] 小栗幸正：初学者のための内燃機関，理工学社，1964．

[**12**] 荒井 宏：自動車の電子システム，オーム社，1992．

[**13**] 齋 輝夫：自動車工学入門（第3版），オーム社，2019．

[**14**] 竹花有也：自動車工学概論，オーム社，1995．

[**15**] 岩城 純：熱力学入門（機械工学入門シリーズ），理工学社，1992．

[**16**] 田坂英紀：内燃機関（第3版），森北出版，2015．

[**17**] 菅野玄之助ほか：内燃機関工学概論，理工学社，1967．

[**18**] 池谷武雄：原動機入門，オーム社，1963．

[**19**] 河野通方ほか：最新内燃機関，朝倉書店，1995．

[**20**] 横井時秀編：要説機械工学（第4版），理工学社，2004．

[**21**] 廣安博之ほか：内燃機関（機械系大学講義シリーズ），コロナ社，1999．

[**22**] 越智敏明ほか：熱機関工学（機械系教科書シリーズ），コロナ社，2006．

[**23**] 長山 勲：初めて学ぶ基礎エンジン工学，東京電機大学出版局，2008．

[**24**] 畑村耕一：最新自動車エンジン技術がわかる本，ナツメ社，2009．

[**25**] 橋田卓也：自動車メカニズムの基礎知識，日刊工業新聞社，2013．

[**26**] 野崎博路監修：自動車のしくみ，マイナビ出版，2017．

[**27**] 小倉勝男：改訂航空原動機，共立出版，1983．

[**28**] 佐藤幸徳：マイクロガスタービンの本，日刊工業出版社，2003．

[**29**] SI 採用促進委員会編：新計量法とともに歩む SI 化ガイドブック，日本規格協会，1997．

索引

〔英数字〕

10・15 モード燃費 *44*
10 モード燃費 *44*
1 軸式ガスタービン *162*
2 サイクルエンジン *7, 10*
2 サイクルガソリンエンジン *18*
2 サイクルディーゼルエンジン *20, 118*
2 軸式ガスタービン *163*
2 シリンダエンジン *71*
2 ステージターボチャージャ *141*
2 節エピトロコイド *144*
3 軸式ガスタービン *163*
3 層メタル *68*
4 サイクルエンジン *7, 10*
4 サイクルガソリンエンジン *16*
4 サイクルディーゼルエンジン *19, 116*
4 シリンダエンジン *71*
6 シリンダエンジン *72*

API サービス分類 *89*
BDC *9*
BDF *185*
CFR *57*
CNG *185*
DEP *183*
DME *186*
DOHC 式 *74*
DPF *183*
ECU *99, 101, 131*
EFI *101*

EGR 装置 *182*
EIP *129*
FCV *155*
H₂ *186*
JASO 規格 *89*
JC08 モード燃費 *45*
LE-7A 型ロケットエンジン *175*
LLC *92*
LNG *185*
LPG エンジン *8, 153*
MF バッテリ *108*
NOₓ *181*
OHC 式 *74*
OHV 式 *74*
PM *181*
pV 線図 *11, 39*
SAE 粘度分類 *87*
SOHC 式 *74*
SV 式 *73*
TDC *9*
V 型 *8*
V 型 6 シリンダエンジン *73*
V 型 8 シリンダエンジン *73*

〔あ行〕

アイドリング *84*
アクチュエータ *100, 132*
圧縮温度 *15*
圧縮行程 *17, 19, 147*
圧縮着火式内燃機関 *8*
圧縮着火機関 *19*
圧縮天然ガス *185*
圧縮天然ガスエンジン *8, 154*
圧縮比 *10, 15*

圧送式 *85*
圧送式潤滑装置 *86*
圧送・はねかけ式 *85*
圧力リング *65*
アトキンソンサイクル *15*
アフタグロー *140*
アマル型キャブレター *83*
アルミニウム合金メタル *68*
アングルジョイント *66*
アンチノック剤 *56*
アンチフリーズ *92*

硫黄化合物 *181*
イグナイタ *103*
イグニッションコイル *96*
異常燃焼 *54*
位置エネルギー *35*
一酸化炭素 *180*
引火温度 *54*
引火性 *53*
引火点 *54*
インジェクタ *134*
インジケータ *11*
インジケータ線図 *11*
インタークーラ *141*
インタンク式燃料ポンプ *82*
インテークエアヒータ *140*
インバストラットピストン *64*

ウェッジタイプ *62*
ウォータポンプ *90*
渦巻きポンプ *90*
宇宙用エンジン *9*
運動エネルギー *35*

索引

エアクリーナ　80
液化石油ガスエンジン　153
液化天然ガス　185
エキセントリックシャフト
　146
液体燃料　48
液体燃料ロケットエンジン
　175
エネルギー　1
エネルギー保存の法則　35
エピトロコイド　144
エンジン回転速度センサ　131
エンジン始動システム　110
エンジン始動装置　139
エンジン本体　59, 115
円すいピストン　64
エンタルピー　31
エントロピー　31

オイル　86
オイルクーラ　86
オイルタペット　77
オイルフィルタ　86
オイルポンプ　86
オイルリング　66
横断掃気式　119
往復動内燃機関　3, 7
大型ディーゼルエンジン　152
オートマチックタイマ　138
オーバヘッドカムシャフト式
　74
オーバヘッドバルブ式　74
オーバラップ　12
オクタン価　55
オットーサイクル　13
オフセットタペット　77
オフセットピストン　64
親メタル　69
オルタネータ　105
温度　23

〔か行〕

回転モーメント　38
外燃機関　2
開放サイクルガスタービン
　162

加鉛効果　56
火炎伝播期間　118
火炎伝播燃焼　53
化学ロケット　175
過給　140
過給機　94
拡散燃焼　53
下死点　9
ガス押し式　175
ガス式内燃機関　8
ガスタービンエンジン　3, 159
ガス定数　26
過早点火　55
加速系統　84
ガソリンエンジン　3, 59
ガソリン噴射方式　8
ガバナ　135
可変バルブタイミング機構
　77
可変容量ターボチャージャ
　141
カム　75
カムグランドピストン　64
カム軸　75
カムシャフト　75
カムプロフィール切替え方式
　79
カムリフト　75
渦流室式　117
カルノーサイクル　32
カロリー　24
緩衝作用　87
完全ガス　27
完全燃焼　50

機械エネルギー　35
機械効率　42
機械損失　41
機械損失馬力　42
気化器　16
気化性　54
気化熱　51
奇数シリンダエンジン　73
気体定数　27
気体燃料　50
気体の状態式　26
揮発性　54

基本サイクル　12
キャブレター　16, 82
キャブレター方式　8
吸気カム位相切替え方式　79
吸気系統　99
吸気システム　59, 79
吸気バルブ　17
吸気マニホールド　80
吸入行程　17, 19, 146

空気圧縮機　160
空気過剰率　52
空気弁　83
空燃比　51
空燃比フィードバック制御
　184
空冷式冷却装置　92
クラークサイクル　14
クランク軸　69
クランクジャーナル　69
クランクジャーナルベアリング
　69
クランクシャフト　69
クランクピン　70
グロープラグ　139

結束配線　110
ケルビン温度　23
ケルメットメタル　68
建設機械用エンジン　9
減速時制御装置　183
原動機　1
減摩作用　87

高圧タービン　163
高圧電気火花点火法　94
高圧マグネトー点火　95
後期燃焼期間　118
航空機用エンジン　9
高速系統　84
行程　9
行程容積　10
高発熱量　51
高膨張比サイクル　15
下降行程　18
固体燃料ロケットエンジン
　175

固定式 *68*
コネクチングロッド *67*
コモンレール式燃料噴射システム *133*, *183*
コモンレール方式 *8*
混合比 *51*
コンタクトブレーカ *97*
コントロールロッド位置センサ *130*
コンバインドサイクルガスタービン *167*
コンプレッサ駆動用タービン *163*
コンプレッションリング *65*
コンロッド *67*
コンロッドベアリング *68*

〔さ行〕

サーモスタット *91*
サイクル *9*, *28*, *165*
再生サイクルガスタービン *163*
サイドハウジング *146*
サイドバルブ式 *73*
サイドポート式 *146*
再熱-再生サイクルガスタービン *164*
サバテサイクル *14*
サプライポンプ *134*
産業用エンジン *9*
三元触媒コンバータ *183*

ジェット *83*
ジェットエンジン *169*
軸出力 *38*, *40*
軸相当馬力 *174*
軸トルク *38*, *40*
資源エネルギー *35*
自己着火 *16*
仕事 *37*
仕事の熱当量 *24*
自己放電 *109*
下向き通風型 *83*
質量 *36*
死点 *9*
始動系統 *84*

自動車用エンジン *9*
自動車用ガスエンジン *153*
絞り弁 *83*
ジメチルエーテル *186*
シャルルの法則 *26*
充電 *108*
充てん効率 *52*
発電システム
ジュール当量 *24*
出力 *165*
出力タービン *163*
重力加速度 *36*
潤滑 *85*
潤滑システム *60*, *85*
潤滑油 *86*
しゅんせつ用エンジン *9*
上死点 *9*
上昇行程 *18*
正味出力 *40*
正味熱効率 *41*
正味馬力 *40*
正味平均有効圧力 *40*
触媒コンバータ装置 *182*
シリンダ *62*
シリンダ内燃料噴射システム *101*
シリンダブロック *61*
シリンダヘッド *62*
シリンダ容積 *10*
進角 *136*
シングルグレードオイル *87*

水素ガスエンジン *8*, *154*
水素ガス燃料 *186*
水平対向型 *8*
水平対向型エンジン *73*
推力 *174*
水冷式冷却装置 *89*
スーパチャージャ *140*
スカート *64*
スカッフ現象 *67*
すきま容積 *10*
スクラムジェットエンジン *173*
図示仕事 *40*
図示出力 *40*
図示馬力 *40*

図示平均有効圧力 *40*
スタータ *110*, *139*
スティック現象 *67*
ストロングハイブリッド *157*
ストロンバーグ形キャブレター *83*
スナップリング *68*
スパークギャップ *97*
スラスト *174*
スリッパスカートピストン *64*
スロー系統 *83*
スロットル型 *128*
スロットルバルブ *83*

制御系統 *99*
静止推力 *174*
清浄作用 *87*
性能曲線図 *38*
整流 *106*
セタン価 *56*
絶対温度 *26*
絶対零度 *23*
セパレータ *108*
セミトランジスタ式点火システム *103*
セル *108*
センサ *100*
潜熱 *51*
船舶用エンジン *9*, *151*
全浮動式 *68*
全流ろ過式 *86*

掃気行程 *20*
総行程容積 *10*
総排気量 *10*
総発熱量 *51*
側壁孔式 *146*
複流掃気式燃焼室 *119*
ソリッドスカートピストン *64*

〔た行〕

タービン *159*, *161*
タービン羽根 *159*
ターボジェットエンジン *170*

ターボファンエンジン　*171*
ターボプロップエンジン　*171*
ターボポンプ式　*175*
ダイアグノーシス機能　*132*
代替燃料　*184*
ダイナモ　*105*
タイマ　*122, 136*
タイミングギヤ　*74*
タイミングチェーン　*74*
楕円ピストン　*64*
多気筒エンジン　*8*
多球形　*63*
タペット　*77*
炭化水素　*181*
単気筒エンジン　*8*
単室式　*116*
断熱変化　*30*
単流掃気式燃焼室　*119*

地上推力　*174*
窒素酸化物　*181*
着火遅れ　*117, 136*
着火遅れ期間　*117*
着火性　*53*
着火点　*53*
中間冷却-再熱-再生サイクル
　ガスタービン　*164*
調速機　*121, 135*
チョークバルブ　*83*
直接点火方式　*104*
直接燃焼期間　*118*
直接噴射式　*116*
直列8シリンダエンジン　*72*
直列型　*8*

筒形燃焼器　*160*

定圧サイクル　*13*
低圧タービン　*163*
定圧比熱　*25*
定圧変化　*25, 29*
低硫黄軽油　*185*
ディーゼルエンジン　*3, 19,*
　115
ディーゼルサイクル　*13*
ディーゼルノック　*56*
ディーゼル排気微粒子　*183*

ディーゼル微粒子除去装置
　183
ディストリビュータ　*96*
ディストリビュータ方式　*104*
定地走行燃費　*43*
低発熱量　*51*
定容サイクル　*13*
定容比熱　*25*
定容変化　*25, 29*
鉄道用エンジン　*9*
デリバリバルブ　*122*
点火系統　*99*
点火コイル　*96*
点火時期　*98*
点火システム　*61, 94*
点火順序　*70*
点火すきま　*97*
点火・燃焼行程　*147*
点火プラグ　*97*
電気エネルギー　*35*
電気駆動式過給機　*141*
電気式燃料ポンプ　*82*
電気システム　*61*
電気点火式内燃機関　*8*
電気動力計　*43*
電気配線　*110*
電子制御式燃料噴射ポンプ
　129
電子制御式ガバナ　*136*
電子制御式タイマ　*138*
電子制御式点火システム　*103*
電子制御式燃料噴射システム
　101
電子制御システム　*61, 98*
電磁ピニオンシフト式　*111*
電動ファン　*92*
天然ガスエンジン　*154*
天然ガス自動車　*185*

等温変化　*26, 30*
動力計　*42*
トランジスタ式点火システム
　103
トルク　*38*
トロコイド　*144*

〔な行〕
内燃機関　*2*
内部エネルギー　*27*
内包絡線　*144*

二酸化炭素　*181*
二次空気導入装置　*182*
尿素SCRシステム　*183*

熱価　*98*
熱勘定　*43*
熱機関　*2*
熱交換器　*161*
熱効率　*43, 166*
熱の仕事当量　*24*
熱平衡図　*43*
熱力学サイクル　*28*
熱力学第一法則　*27*
熱力学第二法則　*28*
熱量　*23*
燃焼　*50*
燃焼過程　*61*
燃焼器　*160*
燃焼限界　*51*
燃焼行程　*17, 19*
燃焼室　*62*
燃焼熱　*51*
燃焼範囲　*51*
粘度　*87*
粘度指数　*87*
燃費換算　*43*
燃料　*47, 50*
燃料供給システム　*59, 80,*
　119
燃料供給ポンプ　*119*
燃料系統　*99*
燃料蒸発ガス排出抑止装置
　182
燃料消費率　*38, 41, 174*
燃料電池　*155*
燃料電池自動車　*155*
燃料フィルタ　*81*
燃料噴射時期調節機　*136*
燃料噴射ノズル　*128*
燃料噴射ポンプ　*120*

索引 **199**

燃料噴射ポンプ式システム 120
燃料噴射量 122
燃料ポンプ 81

農業用エンジン 152
ノズル 83
ノズル羽根 159
ノッキング 54
ノック 54

〔は行〕

バイオエタノールエンジン 154
バイオエタノール燃料 185
バイオディーゼルエンジン 154
バイオディーゼル燃料 185
ハイカムシャフト方式 74
排気ガス 94
排気行程 17, 20, 147
排気システム 60, 93
排気タービンターボチャージャ 141
排気パイプ 93
排気バルブ 17
排気マニホールド 93
排気量 10
排出ガス 179
ハイドロリックバルブリフタ 77
ハイブリッドシステム 155
ハイブリッドロケット推進システム 177
バスタブタイプ 63
発火温度 53
発火性 53
発火点 53
バックアップ機能 132
バッテリ 108
バッテリ点火 95
充電システム 104
バットジョイント 66
発熱量 51
はねかけ式 85
バビットメタル 68

パルスジェットエンジン 172
バルブ 17, 76
バルブ開閉機構 73
バルブステム 76
バルブスプリング 76
バルブタイミング 12
バルブタイミングダイヤグラム 12
バルブヘッド 76
バルブメカニズム 73
パワー系統 84
反転掃気式 119
半浮動式 68

ヒートレンジ 98
ピストン 62
ピストンクリアランス 64
ピストンピン 68
ピストンヘッド 64
ピストンリング 65
比熱 24
比熱比 25
標準サイクル 12
ピントウ型 129

フィードバック機能 132
ブースト圧 140
フェイルセーフ機能 132
不完全燃焼 50
複合サイクル 14
副室式 116
ブシュ 68
普通バッテリ 108
プッシュロッド 76
沸点 51
不凍液 92
フライホイール 70
プラグインハイブリッド 157
フラッタ現象 67
フランジ 69
プランジャ 122
プリストローク位置センサ 130
プリストローク可変型噴射ポンプ 125
プリストローク制御機構 124
プリストローク列型燃料噴射ポ

ンプ 124
フルトランジスタ式点火システム 103
プレート 108
プレヒータ 153
フロートチャンバ 83
フロート系 83
ブローバイガス還元装置 182
プロニーブレーキ 42
噴射時期調節機 122
噴射推進機関 3
噴射推進エンジン 169
噴射ノズル方式 8
分配型燃料噴射ポンプ 121, 126

平均有効圧力 39
ベーパライザ 153
ヘミスフェリカルタイプ 63
ペリトロコイド 144
弁 17
偏心軸 146
ペントルーフタイプ 62

ボイル・シャルルの法則 26
ボイルの法則 25
防錆作用 87
膨脹行程 17
放電 108
ポート内燃料噴射システム 101
ホール型 129
補機 115
補助装置 59, 115
ボデーアース 110
ポペットバルブ 76
ポリトロープ指数 32
ポリトロープ変化 31
ボルテージレギュレータ 106
ホワイトメタル 68

〔ま行〕

マイクロコンピュータ式点火装置 104
マイクロハイブリッド 156
摩擦動力計 42

マフラ　93
マルチグレードオイル　89

ミキサ　153
水動力計　43
密封作用　87
密閉サイクルガスタービン
　164
ミラーサイクル　15

メーン系統　84
メーンノズル　83
メカニカルガバナ　135

モーターアシストターボチャー
　ジャ　141
モーメント　37

〔や行〕

焼玉エンジン　151

油圧タペット　77
有鉛ガソリン　56
有効ストローク　122
油性　87
ユニットインジェクタ式燃料噴
　射ポンプ　133

揚程　75
横向き通風型　82
予混合圧縮自己着火燃焼　53
予熱器　153
予熱システム　139
予熱装置　139
予燃焼室式　117

〔ら行〕

ラジエータ　90
ラジエータキャップ　91
ラップジョイント　66
ラムジェットエンジン　172

リーンバーン　52
理想気体　27
リダクションスタータ　139

リダクション式　111
リッチバーン　52
粒子状物質　181
理論空気量　51
理論空燃比　51
理論混合比　51
理論的熱効率　29
リングギヤ　70

冷却作用　87
冷却システム　60, 89
冷却水　92
冷却フィン　92
レシプロエンジン　7
列型燃料噴射ポンプ　121

ローエックス　64
ロータ　95, 97, 143, 146
ロータハウジング　145
ロータリエンジン　3, 7, 143
ロケットエンジン　169, 175
ロッカアーム　77
ロングステム型　129

〔わ行〕

ワイヤーハーネス　110
ワックスペレット型サーモス
　タット　92

- 本書の内容に関する質問は，オーム社ホームページの「サポート」から，「お問合せ」の「書籍に関するお問合せ」をご参照いただくか，または書状にてオーム社編集局宛にお願いします．お受けできる質問は本書で紹介した内容に限らせていただきます．なお，電話での質問にはお答えできませんので，あらかじめご了承ください．
- 万一，落丁・乱丁の場合は，送料当社負担でお取替えいたします．当社販売課宛にお送りください．
- 本書の一部の複写複製を希望される場合は，本書扉裏を参照してください．

JCOPY ＜出版者著作権管理機構 委託出版物＞

内燃機関工学入門

| 2019 年 5 月 25 日 | 第 1 版第 1 刷発行 |
| 2024 年 11 月 10 日 | 第 1 版第 4 刷発行 |

著　者　齋　輝夫
発行者　村上和夫
発行所　株式会社　オーム社
　　　　郵便番号　101-8460
　　　　東京都千代田区神田錦町 3-1
　　　　電話　03(3233)0641(代表)
　　　　URL　https://www.ohmsha.co.jp/

© 齋輝夫 2019

印刷・製本　平河工業社
ISBN978-4-274-22082-1　Printed in Japan

● 好評既刊

自動車工学入門（第3版）
齋 輝夫 著　　　　　　　　　　　A5判　並製　240頁　本体2400円【税別】

これから自動車工学を学ぶ方、整備士試験を受ける方など、自動車産業に携わる方に向けて、自動車の基本原理・構造・機能を、技術的・工業的な観点から、明解な図版を約340点を用い解説。第2版発行から現在までの技術革新（電子制御、EV技術、運転支援装置）を大幅に盛り込み、材料および部品要素の解説を増補。これから自動車産業に参入する電子・情報系の方々にもおすすめです。

3Dでみる メカニズム図典　見てわかる、機械を動かす「しくみ」
関口相三／平野重雄 編著　　　　　A5判　並製　264頁　本体2500円【税別】

身の回りにある機械は、各種機構の「しくみ」と、そのしくみの組合せによって動いています。本書は、機械設計に必要となる各種機械要素・機構を「3Dモデリング図」と「2D図」で同一ページ上に展開し、学習者が、その「しくみ」を、より具体的な形で「見てわかる」ように構成・解説しています。機械系の学生、若手機械設計技術者におすすめです。

AutoCAD LT2019 機械製図
間瀬喜夫・土肥美波子 共著　　　　B5判　並製　296頁　本体2800円【税別】

「AutoCAD LT2019」に対応した好評シリーズの最新版。機械要素や機械部品を題材にした豊富な演習課題69図によって、AutoCADによる機械製図が実用レベルまで習得できる。簡潔かつ正確に操作方法を伝えるため、煩雑な画面表示やアイコン表示を極力省いたシンプルな本文構成とし、CAD操作により集中して学習できるよう工夫した。機械系学生のテキスト、初学者の独習書に最適。

JISにもとづく 機械設計製図便覧（第13版）
津村利光 閲序／大西 清 著　　　　B6判　上製　720頁　本体4000円【税別】

JISにもとづく 標準製図法（第15全訂版）
大西 清 著　　　　　　　　　　　A5判　上製　256頁　本体2000円【税別】

JISにもとづく 機械製作図集（第8版）
大西 清 著　　　　　　　　　　　B5判　上製　168頁　本体2200円【税別】

マンガでわかる溶接作業
［漫画］野村宗弘 ＋ ［解説］野原英孝　A5判　並製　168頁　本体1600円【税別】

大人気コミック『とろける鉄工所』のキャラクターたちが大活躍！
さと子のぶっとび溶接を手堅くフォローするのは溶接業界人材育成の第一人者による確かな解説。溶接作業の［初歩の初歩］が楽しく学べます。
［**主要目次**］プロローグ　溶接は熱いっ、んで暑い‼　**1**　ようこそ！溶接の世界へ　**2**　溶接やる前、これ知っとこ　**3**　被覆アーク溶接は棒使い　**4**　「半自動アーク溶接」～スパッタとともに～　**5**　つやつや上品、TIG溶接　**6**　溶接実務のファーストステップ　エピローグ　さと子、資格試験に挑戦！　**付録**　溶接技能者資格について

◎本体価格の変更、品切れが生じる場合もございますので、ご了承ください。
◎書店に商品がない場合または直接ご注文の場合は下記宛にご連絡ください。
TEL.03-3233-0643　FAX.03-3233-3440　https://www.ohmsha.co.jp/